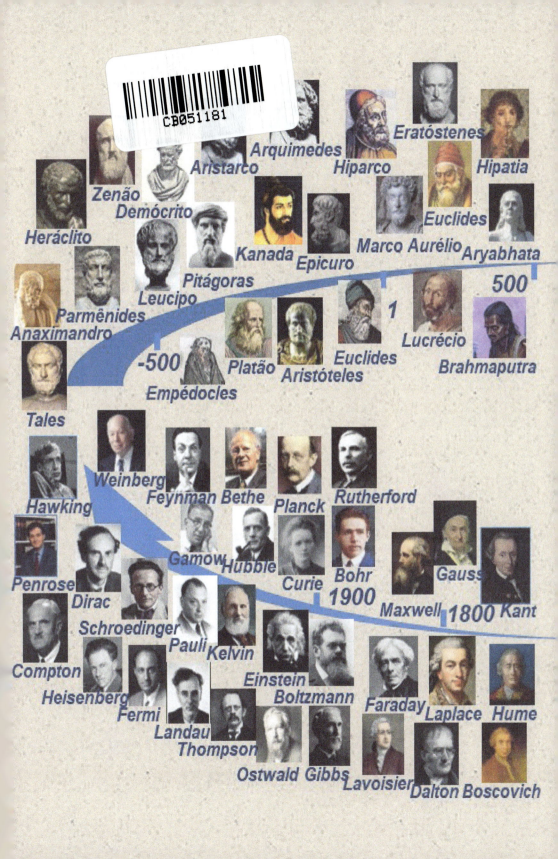

A natureza do mundo físico: do que é feito o Universo?

Dos pré-Socráticos à Revolução Científica

Volume 1

Conselho Editorial da Editora Livraria da Física

Amílcar Pinto Martins - Universidade Aberta de Portugal
Arthur Belford Powell - Rutgers University, Newark, USA
Carlos Aldemir Farias da Silva - Universidade Federal do Pará
Emmánuel Lizcano Fernandes - UNED, Madri
Iran Abreu Mendes - Universidade Federal do Pará
José D'Assunção Barros - Universidade Federal Rural do Rio de Janeiro
Luis Radford - Universidade Laurentienne, Canadá
Manoel de Campos Almeida - Pontifícia Universidade Católica do Paraná
Maria Aparecida Viggiani Bicudo - Universidade Estadual Paulista - UNESP/Rio Claro
Maria da Conceição Xavier de Almeida - Universidade Federal do Rio Grande do Norte
Maria do Socorro de Sousa - Universidade Federal do Ceará
Maria Luisa Oliveras - Universidade de Granada, Espanha
Maria Marly de Oliveira - Universidade Federal Rural de Pernambuco
Raquel Gonçalves-Maia - Universidade de Lisboa
Teresa Vergani - Universidade Aberta de Portugal

Jorge Ernesto Horvath
Lucas Marcelo de Sá Marques dos Santos
Rodrigo Rosas Fernandes
Lívia Silva Rocha
Riis Rhavia Assis Bachega
Lucas Gadelha Barão

A natureza do mundo físico: do que é feito o Universo?

Dos pré-Socráticos à Revolução Científica

Volume 1

2023

Copyright © 2023 os autores
1ª Edição

Direção editorial: José Roberto Marinho

Capa: Fabrício Ribeiro
Projeto gráfico e diagramação: Fabrício Ribeiro

Edição revisada segundo o Novo Acordo Ortográfico da Língua Portuguesa

Dados Internacionais de Catalogação na publicação (CIP)
(Câmara Brasileira do Livro, SP, Brasil)

A natureza do mundo físico: do que é feito o Universo? Dos pré-Socráticos à revolução científica: volume 1 / Jorge Ernesto Horvath...[et al.]. – São Paulo: Livraria da Física, 2023.

Outros autores: Lucas Marcelo de Sá Marques dos Santos, Rodrigo Rosas Fernandes, Lívia Silva Rocha, Riis Rhavia Assis Bachega, Lucas Gadelha Barão.
Bibliografia.
ISBN 978-65-5563-396-2

1. Astrologia 2. Astronomia - Filosofia - História 3. Física - História 4. Universo I. Horvath, Jorge Ernesto. II. Santos, Lucas Marcelo de Sá Marques dos. III. Fernandes, Rodrigo Rosas. IV. Rocha, Lívia Silva. V. Bachega, Riis Rhavia Assis. VI. Barão, Lucas Gadelha.

23-181087 CDD-520

Índices para catálogo sistemático:
1. Astronomia   520

Eliane de Freitas Leite - Bibliotecária - CRB 8/8415

Todos os direitos reservados. Nenhuma parte desta obra poderá ser reproduzida sejam quais forem os meios empregados sem a permissão da Editora.
Aos infratores aplicam-se as sanções previstas nos artigos 102, 104, 106 e 107 da Lei Nº 9.610, de 19 de fevereiro de 1998

Editora Livraria da Física
www.livrariadafisica.com.br
(11) 3815-8688 | Loja do Instituto de Física da USP
(11) 3936-3413 | Editora

Dedicatórias

Para mi abuela Ana Vogel (*in memoriam*), que me incentivó a leer e así pensar el mundo que nos rodea (J.E.H.)

Aos meus pais, que sempre alimentaram a curiosidade que me trouxe a este livro (L.d.S)

Para todos os meus alunos: não tivemos como estudar todas essas matérias antes... (R.R.F.)

Para meus pais Manoel e Lêda, meus grandes incentivadores (L.S.R.)

Aos meus pais, Adenilson e Zuleide, e aos amigos mais próximos. (L.G.B.)

Agradecimentos

Agradecemos aos membros do GARDEL Pedro H.R.S. Moraes e Antônio Lucas de Castro Bernardo por seu apoio neste projeto. Laura Paulucci Marinho cedeu, junto a Pedro H.R.S. Moraes, material gráfico e texto dos assuntos cosmológicos incorporados no Capítulo 4, pelo qual os agradecemos especialmente.

Agradecemos os todos os seguidores do Grupo GARDEL pelo seu interesse e estímulo nas postagens que nos levaram e escrever este texto.

A receptividade e profissionalismo da Editora Livraria da Física, e em particular seu responsável José Roberto Marinho, fizeram possível esta edição tal como chega agora a suas mãos.

R.R.F. Agradece a todos os colegas do Projeto GARDEL e, especialmente, ao Professor Jorge Horvath pelo convite e oportunidade de participar deste projeto cultural único. Foi um verdadeiro privilégio!

Índice

Introdução 15
Considerações preliminares 17
A emergência da Ciência e o caráter científico 17

Capítulo 1. Os primórdios: da Grécia Pré-Socrática até o mundo Medieval 21
Os primórdios do pensamento e o caráter emergente do pensamento racionalista grego 21
Tales, Anaximandro, Anaxímenes e a arché 23
Tales 23
Anaximandro 24
Anaxímenes 25
Heráclito, Empédocles, Anaxágoras e os pitagóricos 26
Heráclito 26
Empédocles 27
Anaxágoras 28
Pitágoras e a escola itálica 29
A escola eleática 32
Parmênides 32
Zenão de Eleia e seus paradoxos 33
Os primeiros atomistas 36
Leucipo e Demócrito - As origens do atomismo no Ocidente ... 37
A Filosofia Helênica depois dos pré-socráticos 41
A trilogia Sócrates, Platão e Aristóteles 41
Sócrates 41
Platão 42
Aristóteles 47
A Filosofia Helenística 52
Os Estóicos e o Contínuo 53
As fundações observacionais do Estoicismo 55
O problema do infinitamente divisível 56
Pneuma, tensão e oscilações 57
Cosmologia, causalidade e livre-arbítrio no Estoicismo 58
Epicuro e o "segundo atomismo" 60
O átomo dos Epicuristas no "segundo atomismo" 61
O movimento dos átomos segundo Epicuro 63
Lucrécio e o "terceiro atomismo" 63
O período Helenístico e seus desenvolvimentos 66

A Biblioteca de Alexandria como centro cultural do Ocidente e Oriente 66
Euclides e a Geometria plana 67
Eratóstenes e o raio da Terra 69
Arquimedes de Siracusa 72
Aristarco, o pioneiro do heliocentrismo 74
O atomismo na Índia 76
A constituição do mundo segundo a Filosofia Oriental 76
Precedentes: Rig Veda, Upanishads e Samkhya 77
A Escola Nyāya-Vaiśeṣika 77
A Escola Jainista 79
A Escola Budista 80
Diferenças entre o atomismo grego e indiano 81
O fim da Antiguidade e a passagem para a Idade Média 82
João Filópono 83
O modelo geocêntrico de Ptolomeu 87
Agostinho de Hipona 88
Referencias ao Capítulo 1 91

Capítulo 2. A Idade Média 93
A Alta IdadeMédia (séculos V ao X) 93
Isidoro de Sevilha 94
O Venerável Beda 95
João Escoto Erígena 95
Atomismo e Movimento na Idade Média 96
Avicena 97
O atomismo na Idade Média 99
A Idade de Ouro da Ciência na Índia 99
A Baixa Idade Média (séculos X ao XV) 107
Pedro Abelardo 109
Alberto Magno 109
Adelardo de Bath 109
Guilherme de Conches 110
Robert Grosseteste 110
Roger Bacon e o empirismo 115
Guilherme de Ockham e sua navalha epistemológica 119
Islâmicos, Mulçumanos, Judeus, Cristãos e Árabes 123
A Idade de Ouro Islâmica 123
Os pensadores do Califado de Córdoba 125
Aristóteles redescoberto 125
Averróis 126
Maimônides 128

Período final da Idade Média 130
Tomás de Aquino... 130
Jean Buridan e os princípios da formalização da Ciência 132
Nicolau de Oresme 134
Nicolau de Cusa e o "fim da Idade Média" 135
Referências ao Capítulo 2 139

Capítulo 3. O Renascimento e a Revolução Científica 141
O Renascimento e as Sementes da Revolução Científica 141
O dominante modelo geocêntrico de Ptolomeu 148
Copérnico: o divórcio entre Astronomia e Astrologia e o heliocentrismo 150
O divórcio de duas disciplinas seculares: o ataque de Pico della Mirandola à Astrologia........... 151
A obra de Copérnico 152
Tycho Brahe e Johannes Kepler 156
Tycho Brahe e a revolução astronômica 156
Johannes Kepler: o Legislador dos Céus 164
Mysterium Cosmographicum 166
Astrônomo e Astrólogo Imperial 168
Astronomia Nova e a Primeira e Segunda Leis do movimento planetário 169
Harmonice Mundi, Terceira Lei e a Música das Esferas 170
Últimos anos e outros trabalhos 171
Giordano Bruno: visionário e mártir 173
Cosmologia de Giordano Bruno: o Universo e a vida 174
O atomismo segundo Giordano Bruno 175
A Física nos começos do século XVII 178
Galileu Galilei 178
Galileu Galilei: A Física 178
A queda livre e o plano inclinado 182
Estudos do movimento 184
Galileu Galilei: A Astronomia 187
A Lua e os céus vistos por Galileu 190
As manchas solares 192
Os primórdios da Física dos Fluidos 194
Leonardo da Vinci 194
Evangelista Torricelli 195
Otto von Guericke 196
Denis Papin 197
Jean de Hautefeuille 197
Bacon, Descartes e Gassendi – a Ciência e a Filosofia Modernas........ 199
Francis Bacon: o método e o experimento 199
René Descartes 203

Pierre Gassendi 208
Pascal, Leibniz e uma nova Matemática 212
Blaise Pascal 212
Gottfried Wilhem Leibniz 215
Astronomia, Astrologia e Alquimia 218
A Física no Século XVII: Boyle, Hooke e Huygens 222
Robert Boyle: átomos e mecânica 222
Robert Hooke: Gravitação sob a ótica tradicional da Filosofia Natural 226
Christiaan Huygens: impacto e rotação 229
Newton e o ápice da Revolução Científica 234
Óptica, Dinâmica e rigor matemático 236
A natureza da luz: corpuscular ou ondulatória? 236
O papel central de Wren, Hooke e Halley para a obra de Newton 238
Os Principia 240
Os Principia: Leis do Movimento 241
A significância de Newton e de seu confronto com Hooke 243
Gravitação e Cosmologia Newtonianas 244
A Gravitação Universal 245
Hypotheses non fingo 247
O Cosmos de Newton 248
Referências ao Capítulo 3 250

Resumo do Volume 1 256
Apêndice 1 257
Breve linha do tempo do estudo da natureza do Universo 257

Os autores 271

A natureza do mundo físico: do que é feito o Universo?

Dos pré-Socráticos à Revolução Científica

Introdução

Tratar sobre o contexto histórico do desenvolvimento de nossos conhecimentos filosófico-científicos, focando na estrutura da matéria e na relação da microestrutura do Universo com sua macroestrutura, é por si só um desafio para muitos volumes. Vale acrescentar que a abordagem não pode ficar restrita somente a determinados conteúdos, posto que estes ficaram historicamente cada vez mais encasulados com a crescente especialização disciplinar. No entanto, os praticantes da Ciência contemporânea (como nós, autores deste trabalho) temos uma espécie de obrigação de tentar andar por um caminho mais amplo que compreende outras disciplinas e olhares. Isto é mandatório quando percebemos o afastamento das fronteiras da pesquisa científica do dia a dia do cidadão leigo, que paradoxalmente, interessa-se e muito pelos desenvolvimentos e novas descobertas da Ciência. É evidente que existe uma descontextualização dos desenvolvimentos científicos, que parecem ter perdido suas origens e raízes originais, pelo menos depois da chamada Revolução Científica. As Ciências e as Humanidades ficaram cada vez mais separadas e alheias umas às outras, e até dentro das disciplinas emergentes essa divergência ficou bastante clara, mesmo com os avanços notáveis ocorridos dentro de cada área do conhecimento, seus segmentos e especializações.

Reaproximar as disciplinas científicas entre si (em prol da *interdisciplinaridade*) é coisa que requer tempo e um olhar diverso da atual tendência fragmentária. Para começar, e sem pretensões descabidas de atingir uma *reunificação* disciplinar utópica, pretendemos neste texto apenas apresentar um encadeamento de eventos, sem colocar uma clara separação entre os assuntos, ou seja, descrever e ponderara evolução do conhecimento e do pensamento científico, tal como ele se desenvolveu por boa parte da História. A abordagem escolhida recorre aos momentos históricos para ordenar e evidenciar a exposição sequencial. Embora acreditemos que exista um valor didático na contextualização histórica, não seguimos o rigor metodológico e analítico que um tratado científico exigiria. Em outras palavras, não foi nosso objetivo apresentar um livro de História, nem de Filosofia, nem de Ciências, mas antes uma tentativa de colocar de maneira mais acessível toda a evolução interligada do conhecimento, para que possa ser compreendido pelos praticantes das Ciências e também pelo público leigo.

Assim, este trabalho poderá ser mais facilmente apreciado, pois salienta as razões históricas, e filosóficas subjacentes seguindo cada passo que as Ciências deram, inclusive quando em meio de embates entre Razão e a Fé. Queremos enfatizar que não pretendemos em absoluto esgotar os temas abordados, uma vez que a profundidade do tratamento colide com a abrangência pretendida. Contudo, levantamos algumas questões e pontos de vista novos, e indicamos os caminhos que seguimos nas novas abordagens. Acreditamos assim que a *síntese* ponderada que oferecemos pode ser relevante para cursos do Ensino Médio, Superior e para os interessados que possuem interesse em questões ligadas às Humanidades e/ou Ciências em geral. Se atingirmos este público, se conseguirmos fazer vislumbrar a evolução do nosso conhecimento sobre a matéria e sua inter-relação com a concepção de Universo, nossa tarefa terá valido a pena.

Com todas estas ressalvas, sugerimos algumas referências gerais que abordam desde ópticas mais rigorosas sobre vários temas abordados nesta obra, com a intenção de suprir as carências mencionadas, apontando um estudo mais aprofundado se assim for o desejo do leitor. Estas são

- David C. Lindberg. *Los inicios de la Ciencia Occidental* (Paidós, Barcelona, 2002). Foco e tratamento similares ao nossos, cobrindo o período até a Era Moderna.

- Carlos A. Casanova. *Física e Realidade: Reflexões Metafísicas sobre a Ciência Natural* (Vide Editorial, Campinas, 2014). Focado precisamente nos aspectos filosóficos do estudo do mundo natural.

- Steven Weinberg. *Para explicar o mundo* (Companhia das Letras, 2015). Abordagem diferente, típico das Ciências duras, restrito aos resultados e sem dar muita atenção a outros aspectos, mas ancorado no prestígio de um Prêmio Nobel em Física.

- Antonio S. T. Pires. *Evolução das Idéias da Física* (Livraria da Física, São Paulo, 2011). Objetivos e abrangência similares aos nossos, mas com foco maior em explorar teorias e ideias particulares. Supõe conhecimentos de Física Geral.

- Károly Simonyi. *A Cultural History of Physics* (A K Peters/CRC Press, 2012). Obra abrangente de referência, entremeando todos os aspectos da cultura que determinam e promovem a Física.

- J.T. Cushing. *Philosophical Concepts in Physics: The Historical Relation between Philosophy and Scientific Theories* (Cambridge University Press, UK, 1998)

- A.S. Eddington. *The nature of the physical world* (Franklin Classics Trade Press, 2018)

- E A Burtt. *The Metaphysical Foundations of Modern Science* (Dover Publications, UK, 2003)
- G.Boniolo, P. Budinich, Paolo and M.Trobok, eds. *The Role of Mathematics in Physical Sciences: Interdisciplinary and Philosophical Aspects* (Springer, Dordrecht, 2005)
- R.P. Feynman. *The Character of Physical Law* (Penguin Books, London, 1992)
- R. Torretti. *The Philosophy of Physics (The Evolution of Modern Philosophy)* (Cambridge University Press, UK, 1999)

Considerações preliminares

A emergência da Ciência e o caráter científico

"O que é a Ciência?" pergunta frontalmente o historiador David Lindberg [2002] no começo da sua exposição a respeito dos inícios da Ciência ocidental. Ao contrário da pergunta, a resposta não é nada direta, revelando, assim, a dificuldade extrema de possuirmos definições únicas e claras a respeito do que é a Ciência. Lindberg distingue mais de seis concepções diferentes de "Ciência" e que podem ser sintetizadas da seguinte maneira:

- A Ciência é um *esquema* através do qual os seres humanos ganharam controle sobre seu entorno. Nesta definição, os afazeres tradicionais tais como a agricultura, a metalurgia e outros são partes fundamentais do processo que culminou na Ciência tal como nós a entendemos;
- A Ciência, por outro foco, é um *corpo de conhecimento teórico*, enquanto a Tecnologia, por sua vez, reúne as aplicações para resolver problemas concretos. Sem negar uma retroação de uma sobre a outra, esta visão separa e limita o escopo da Ciência;
- A Ciência é uma forma de saber reconhecida pelos seus *enunciados universais*, preferentemente matemáticos;
- A Ciência é uma atividade humana separada de outras pelas suas *metodologias*, as quais devem muito aos experimentos e seus resultados que constituem a verdade última, e que de fato definem a Ciência pela sua relação com o conteúdo empírico que carrega;

- A Ciência é definida pelo seu *status epistemológico*, ou seja, é um *corpus* com postulados e verdades provisórias, nunca dogmáticas, e baseadas nas evidências objetivas;

- A Ciência é definida pelo seu *conteúdo*, o qual é transmitido permanentemente por meio do que T. Kuhn chama de "manuais" e literatura especializada que por sua vez, ajuda a defini-los

O grande problema a ser confrontado é que, para diversos grupos de diferentes épocas, cada uma destas definições é a "verdadeira". Daí deduzimos que existem múltiplas concepções da Ciência, enfatizadas ao logo da História, a depender não só do tempo e lugares definidos, mas também a depender de diversos grupos sociais e, por vezes, de alguma ruptura de visãoou de paradigma até causada por um único indivíduo.

Como corolário desta situação, precisamos reconhecer que a abordagem da origem e do desenvolvimento da Ciência e da visão do Universo não pode ser estreita e rígida, mas sim ampla e atenta aos diversos agentes e causas que determinaram os novostemas ou objetos de estudo que queremos compreender. Se isso explica a nossa abordagem interdisciplinar e justifica a ausência do rigor metodológicono decorrer da composição deste trabalho, por outro lado nos dificulta na definição de estabelecermos um conceito de Ciência. Enquanto empresa humana, distribuída no tempo e no espaço, com concepções variadas entre sociedades, grupos e indivíduos, postular uma *gestalt* comum, universal, imutável e atemporal que vise "entender o Universo" seria um erro, pois deixaria de fora muitos aspectos fundamentais,próprios e necessários para o desenvolvimento e da evolução da Ciência tal como hoje a conhecemos. Seria apenas mais um encasulamento, mais um paradigma a ser quebrado amanhã ou depois de amanhã haja vista que as principais características da Ciência são a sua dinâmica e a sua mutabilidade.

Destas considerações, cabe destacar que o tema do processo da emergência da Ciência como hoje nós a conhecemos é extremamente complexo e pertence com mais propriedade à História e Antropologia, estas aqui entendidas como ferramentas necessárias para estudar a genealogia e a evolução do conhecimento. Esta afirmação é justificada porque a forma mais adequada de denominar as relações entre uma sociedade humana e o contexto científico na qual se encontra inserida não deveria se referir ao quanto de conhecimento que determinado povo possuía tomando-se por base os nossos conhecimentosatuais.Esta seria uma abordagem simplista demais, reducionista,dependente de alguma concepção de historicismo em particular e carente de qualquer noção de sentido histórico. Para bem entendermos concepções pré-históricas, ou próprias da Antiguidade e de grupos sociais não-Ocidentais é necessário evitar esse tipo de comparação errônea que busca convergências com o nosso estágio atual de conhecimento, antes, é necessário compreender o afastamento, as peculiaridades e as divergências do ambiente de um determinado tempo, lugar e sociedade que abrigava determinado conhecimento e que possibilitou o surgimento de um novo paradigma científico.

Estamos assim falando de uma categoria originalmente mais *social*, e menos *natural* de conhecimento e da Ciência, onde basta considerarmos como exemplo a atitude racionalista dos gregos jónicos, onde *todos* os assuntos estavam entremeados. Por esta perspectiva é compreensível a impossibilidade de vários povos de *separar* o Universo deles próprios, e isso não é exceção, essa mesma impossibilidade de separação também é impossível de ser encontrada em várias outras culturas, basta mencionar que o mesmo ocorre em muitas das etnias indígenas brasileiras. Uma cosmovisão, que inclui o Cosmos, e também a natureza das coisas terrenas e do céu, é assim implícita, culturalmente desenvolvida, e resulta das tradições específicas de cada sociedade. Como sistema de conhecimento, justifica e embasa a forma como os povos se vêem a si próprios, e outras entidades tais como o tempo e o espaço e agentes sobrenaturais.

Confere-se, portanto, que cada povo detém alguma ideia mais ou menos elaborada a respeito da origem de tudo, chamada de *cosmogonia*, e de como o mundo é constituído, e quem dita as regras "naturais" (que não podem ser confundidas com as "leis" da Ciência, por exemplo, com a Primeira Lei da Termodinâmica, que são qualitativamente diferentes). É fato que existem elementos dos inúmeros mitos da criação que são comuns a diversas sociedade e povos, inclusive ao que diz a respeito da natureza humana mais do que de qualquer objeto de estudo dentro do domínio antropológico. Os diversos relatos sobre a origem e a constituição de tudo são fundamentalmente mitológicos. Os mitos estão na vereda oposta das Ciências: são objeto de crença e portantonão são comprováveis, são incontestáveis, e, para serem compreendidos, precisam de uma suspensão parcial ou total da racionalidade, justamente por serem parte de um coletivo cultural. Por outro lado, se considerarmos os pensadores gregos pré-socráticos e clássicos, podemos identificar como as concepções mitológicas cedem espaço para uma atitude radicalmente diferente, uma objetivação do alvo de estudo. Na Grécia Clássica o objeto já se encontra quase que totalmente separado do sujeito. Em seu livro *Timeu*, Platão descreve a origem do Universo como o trabalho de um *demiurgo*/artesão construtor com um plano baseado nas formas perfeitas (hoje conhecidas como *platônicas*, Capítulo 1); mas também adverte explicitamente que as questões abordadas são muito complexas e que o relato é, inicialmente, um mito, onde um ser sobrenatural ainda exerce um papel fundamental.

Ainda assim, existem vários elementos racionais em muitas cosmogonias mitológicas, embora a racionalidade e verossimilhança dos mesmos não sejam prioritárias/hegemônicas, sujeitas a escrutínio, tal como acontece nas Ciências ocidentais contemporâneas. Finalmente devemos repetir que é muito diferente a interpretação e compreensão de uma cosmogonia ou de uma cosmovisão no seu próprio contexto cultural, do que tentar o mesmo no contexto da nossa sociedade ocidentalizada [Lindberg 2002]. Acabamos assimilando e aceitando algo que não é o original, mas uma reconstrução ocidental em termos dos *nossos* valores e parâmetros.

Neste trabalho que ora se apresenta, procedemos com uma discussão não excludente da Cosmologia e da Física, aqui entendida como construção racional fundamentada na tradição Ocidental, incluindo suas origens, seus fundamentos, fatores e elementos básicos. Dentro de cada tema que abordamos, tentamos deixar claros e evidentes os métodos e as ideias que pairaram em cada tarefa, considerando que são tão importantes quanto os fatos apresentados como "verdadeiros", já que estes dependem daqueles de forma direta. A abordagem histórica sequencial deve, assim, ajudar a ver com maior clareza esta não pequena tarefa que recebemos e desenvolvemos, sempre de forma a conectar o *corpus* de conhecimento com o resto da cultura humana. A cronologia apresentada no Apêndice 1 é mais uma ferramenta particularmente útil para estes propósitos.

Os Autores
São Paulo, Julho de 2023

Capítulo 1

Os primórdios: da Grécia Pré-Socrática até o mundo Medieval

> *"Todo o que existe no Cosmos é o resultado de uma combinação de eventos aleatórios e condições inevitáveis"*
> Demócrito de Abdera, citado por
> Diógenes Laércio no século III a.C.

Os primórdios do pensamento e o caráter emergente do pensamento racionalista grego

A história do pensamento Ocidental começou a se desenvolver de forma inequívoca com a civilização grega no primeiro milênio a.C. Embora seja possível identificar traços importantes de culturas precursoras, tais como a suméria, egípcia, babilônica dentre outras, o que realmente distingue os gregos dos demais povos, e que resulta em um ingrediente fundamental para o avanço posterior das Ciências, é a *dissociação* entre o conhecimento do mundo místico-teológico e o mundo natural, cognoscível, segundo eles, por meio da utilização do intelecto e do raciocínio. Em parte alguma do Mundo Antigo esta separação fora concebida e evidenciada. Portanto, a atitude e a metodologia com as quais os gregos pré-socráticos encaram a construção do conhecimento é o que os distinguiu do resto das culturas, e cujo legado ainda se faz sentir com enorme força nos nossos dias [Burnett 2007]. É questão de debates antropológicos, históricos e filosóficos as razões do processo que permitiu essa mudança epistemológica do homem grego perante o mundo, e especialmente sua duração até a época mais tardia onde o amadurecimento é completo. Para exemplificar, sabemos que os escritos de Anaximandro de Mileto revelam uma linguagem similar à da *Teogonia* de Hesíodo (fl. 750-650 a.C.) mas a abordagem já é claramente diferente na medida em que se aproxima de uma explicação científica da origem do mundo, afastando qualquer explicação divina ou sobrenatural. Xenófanes de Colófon (576-480 a.C.) criticou duramente a mitologia grega clássica e a considerou ingênua, e evidentemente criada pela mente humana, já que os deuses gregos são vingativos, injustos, invejosos e detém outros vários defeitos claramente humanos. Como vemos neste exemplo, no tempo de Xenófanes já havia pensadores no pólo oposto à mitologia.

O conceito pré-socrático que expressa esta diferença entre o novo pensamento e a mitologia antropomorfa é o *logos*. Logos é literalmente "palavra", mas significa "ordem" e "razão" no contexto do início da Filosofia. *Logos* é uma explicação racional, e contrasta com a explicação mitológica ou sobrenatural (*mythos*)[Sambursky 1956]. Podemos dizer com propriedade que o nascimento da Filosofia e a Ciência envolve a passagem do *mythos* para o *logos*, embora o primeiro nunca deixou de ser praticado no Mundo Antigo. Naturalmente os sucessivos pensadores desenvolveram expressão própria para o *logos* ao trabalharem sob bases cada vez mais consolidadas, de tal forma que o seu significado ficou muito diferente em séculos posteriores. O *logos* chegou a ser considerado algo substantivo nos séculos seguintes e deu origem ao conceito cristão de Cristo como o *Verbo* (de fato, o *logos* para o Cristianismo). Mas cada vez que nós falamos de *logos* neste texto, estaremos nos referindo ao *princípio organizador racional* que rege o Cosmos, tal como o entendia Heráclito de Éfeso.

Com o decorrer do tempo, diversos grupos de filósofos (ou *escolas* como são hoje conhecidas) foram sendo criados e aportaram conceitos fundamentais ou embriões de ideias sobre a estrutura da matéria e do Universo em que vivemos. De modo que é uma tarefa muito difícil sintetizar *todas* as suas contribuições. Porém, algumas destas escolas e suas idéias merecem destaque pela sua relação com o nascimento e desenvolvimento das Ciências e suas contribuições ao problema da natureza da matéria e do Universo, e da história e estrutura deste último. Entre as primeiras referências podemos mencionar a chamada escola *jônica*, responsável pela primeira tentativa documentada de entender a matéria que compõe o mundo em termos da alguma substância fundamental ou *arché*. Entre os membros desta escola destacam-se Tales, Anaximandro, Anaxímenes, Heráclito, Empédocles e Anaxágoras. Este será nosso ponto inicial na procura da visão do mundo que herdamos e por nossa vez, ajudamos a construir [Burnett 2007, https://www.rep.routledge.com/articles/].

Tales, Anaximandro, Anaxímenes e a arché

Com os primeiros filósofos nasce uma atitude de considerar como problema fundamental a compreensão do princípio gerador de todas as coisas. Esta *arché* (ἀρχή) ou princípio, foi a primeira tentativa de unificação da matéria, a de explicar todo o observado com uma única coisa. A esta postura deu-se o nome de *monismo*, em oposição à ideia de uma *pluralidade* de objetos fundamentais como constituintes de tudo. O problema era a identificação dessa *arché*, já que no mundo grego, e especialmente nos primórdios, não havia nenhum indício de utilização de experimentos. Se tanto, as observações gerais do mundo existente eram consideradas, mas jamais uma *intervenção* à procura de qualquer resposta. A procura da *arché* ficou assim restrita ao raciocínio intelectual unicamente, o que hoje chamamos propriamente de Filosofia [Lindberg 2007].

Tales   Anaximandro   Anaxímenes

Tales

Sabemos que a Filosofia grega tem em Tales de Mileto (624-548 a.C.) seu primeiro grande nome. Com ele já é marcante a preocupação com a regularidade do mundo físico e a procura por ferramentas para melhor descrevê-lo, nos primórdios do desenvolvimento da Matemática. O célebre Teorema de Tales é o exemplo mais antigo que temos deste tipo de objeto matemático no Ocidente, embora a atribuição do teorema a Tales é muito posterior à sua morte. Tales parece ter tido contato estreito com a Astronomia e Matemática babilônias e com o Oriente em geral. Daí pode ter importado e elaborado o teorema que leva seu nome e outros desenvolvimentos.

É de Tales a afirmação monista de que a água é o princípio gerador (*archê*) de todas as coisas. Já não é uma explicação religiosa, mas é uma explicação científica (ou pelo menos proto-científica), a qual, apesar de hoje sabermos estar longe da realidade, permite uma comparação divertida: sendo a água compostas por dois átomos de Hidrogênio e um de Oxigênio e a composição básica do Universo ser predominantemente de hidrogênio, em uns ~75%, Tales não teria errado tanto assim. Deixando de lado esta última observação humorística, Tales parece ter se guiado pelo conhecimento que tinha dos *estados* da água, e postulou que algo que podia ser encontrado em estado líquido, sólido ou gasoso era um bom candidato para constituir o mundo inteiro. Em termos filosóficos, Tales explica como o Todo deriva do Uno, algo característico dos pensadores pré-socráticos.

Anaximandro

Discípulo de Tales, e provavelmente até parente dele, Anaximandro (611-547 a.C.) não concordou com seu mestre e propôs algo muito diferente: a existência de um *princípio universal*, materializado em uma substância nunca vista denominada "o desconhecido" ou *ápeiron* de natureza quantitativamente infinita e qualitativamente indeterminada (qualquer semelhança com conceitos que surgiriam apenas no futuro é mera coincidência). Tal substância conteria em si os contrários (como o calor e o frio, o seco e o úmido, ideia que é muito similar ao *ying* e *yang* Oriental). O caráter factual da diversidade em cada substância resultaria da separação destas duas essências.

Anaximandro é um nome de grande importância na Ciência por vários motivos diferentes, entre os quais se contam a construção do *primeiro modelo cosmológico do mundo Ocidental*, e o desenho do *primeiro mapa* que se tem notícia no mundo Antigo. O modelo cosmológico de Anaximandro pode ser visto na Fig. 1.1. A forma da Terra para Anaximandro é a de um cilindro, com a Grécia e o mundo conhecido numa das bases. Um modelo assim pode até ser considerado ingênuo, mas há nele uma novidade de importância: a Terra não está suportada por nada, ela *flutua no espaço* (infinito). Os sucessivos "anéis" transparentes que Anaximandro imaginou servem de guia aos astros, e um fogo primordial ocupa a posição mais longínqua. As estrelas eram para

Anaximandro buracos por onde se podia ver esse fogo. Anaximandro também tentou desenhar um mapa realista do mundo que conhecia (Fig.1.1), inaugurando uma representação da realidade que exige uma capacidade de abstração muito considerável, mais ainda na ausência de qualquer tentativa prévia. Note-se a ausência total de elementos místicos ou sobrenaturais, todo o que aparece são objetos pretendidamente reais, embora possamos considerá-los fantasiosos desde nossa perspectiva atual.

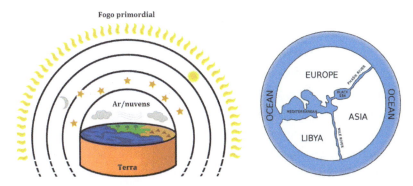

Figura 1.1. Esquerda: O Universo de Anaximandro. Direita: o Mundo no século 6 a.C. segundo Anaximandro. Estas são as primeiras representações gregas do mundo natural existentes na História.

Anaxímenes

Um outro nome importante na primeira época foi o de Anaxímenes de Mileto(588-524 a.C.), discípulo de Anaximandro, quem elegeu o *ar* como elemento primitivo *arché*, esboçando argumentos que as demais coisas surgiriam por um processo de rarefação deste elemento (como o fogo) e de condensação do mesmo (como a água, terra e demais seres). No contexto astronômico, Anaxímenes defendeu uma Terra *plana*, flutuando no ar. Sua doutrina o levou a escrever que a Lua refletia a luz do Sol e que os eclipses representavam uma obstrução planetária por outro corpo celeste, que não identificou com clareza.

Não demoraria esta trilogia de Tales, Anaximandro e Anaxímenes a ser contestada e os assuntos reelaborados de forma substancial, até mudando radicalmente as respostas para o *arché*.

Heráclito, Empédocles, Anaxágoras e os pitagóricos

Heráclito

Pouco depois no tempo onde os milésios formularam suas ideias, outro nome de importância trabalhou com um foco mais amplo e visão muito distinta: Heráclito de Éfeso(535-475 a.C.), quem não parece ter sido discípulo de ninguém, nem conhecido as obras de seus vizinhos de Mileto que se encontrava a poucos quilômetros de distância. Heráclito é um pensador notável, possuidor de um estilo aforístico críptico similar ao de um oráculo, onde jamais respondia questões diretamente, mas antes colocava algo que fazia pensar nas respostas. Heráclito estava convencido de que o único imutável é o câmbio, a mudança. É muito conhecida sua metáfora a respeito da impossibilidade de tomar banho duas vezes no mesmo rio, que expressaria que tanto a correnteza quanto os fatos que acontecem na vida do homem provocam uma fluidez inevitável. No entanto, um estudo das fontes indiretas parece indicar algo muito mais interessante: Heráclito parece na verdade afirmar que a identidade das coisas *decorre da sua constante mudança*, tanto dos objetos quanto do próprio ser humano.

> "ποταμοῦσι τοῖσιν αυτόσιν εμβαίνουσιν ετερά και ετερά χουδάτα επέρρει"
> *(Naqueles que entram nos mesmos rios, sempre outras e outras águas fluem)*
> Tradução dos autores do inglês

Existe também controvérsia a respeito do caráter monista do seu pensamento. Convencido pela mutabilidade e eterno fluxo de todas as coisas do Universo, reconheceu no *fogo*, móvel por excelência, o princípio fundamental de todo, mas tal vez o fez como metáfora do câmbio e não de uma forma literal. Séculos mais tarde Hegel formularia uma ideia similar, suplementada por uma dialética específica. A identificação de Heráclito do fogo como o princípio fundamental é assim totalmente consistente, desde o ponto de vista metafísico, com o resto da sua obra. Finalmente, e graças à descoberta do chamado *Papiro de Derveni* no norte da Grécia, foi possível confirmar que Heráclito se interessava bastante pela Astronomia e o mundo natural, embora não o enxergasse como separado dos assuntos humanos. Foi ele quem (de forma pouco usual) deu uma resposta à questão da *arché*: afirmou que a *arché* é o *logos*, que para ele representa a ordem e racionalidade do Universo, colocando assim as *leis* acima da *substância/matéria* que o compõe (e da sua própria proposta do fogo, a qual não pode ser tomada literalmente como já apontamos). De fato, Heráclito foi o primeiro que usou a palavra *kosmos* para o Universo no mundo grego, sua cosmologia sugere um Universo eterno, sem deuses nem homens que interviessem na sua ordem e leis (*logos*), e obviamente em perpétua transformação. Finalmente, num dos poucos fragmentos autênticos de Heráclito conhecidos, ele expressou uma verdade incômoda, que nos assombra até hoje e que "esquecemos" permanentemente

> "πολυμαθίηνόον(έχειν)ούδιδάσκει"
> *(Aprender muitas coisas não ensina a compreender)*
> Tradução dos autores do inglês

Heráclito jamais dava respostas "prontas" (diretas) nos seus ensinamentos. Sempre conseguia colocar as coisas na forma de aforismos que convidavam a refletir e achar um caminho próprio. As ressonâncias das ideias de Heráclito aparecem com força muitos séculos depois em pensadores da estatura de Hegel e Nietzsche. O próprio David Bohm é de alguma forma um discípulo de Heráclito ao propor um mundo microfísico que flui, e do qual percebemos partículas e eventos particulares sem dar atenção a este fluxo no tempo, segundo sua visão (Capítulo 5).

Empédocles

Apesar de sua natureza apriorística, as respostas dadas pelas diferentes "teorias" da época atendiam diferentes necessidades filosóficas, mas de alguma forma explicavam a partir do monismo os demais elementos. Deste modo, uma explicação não poderia ser contraposta a outra diferente e a procura pelo princípio fundamental parecia se atomizar. Mas, suprimindo esta contradição de alguma primazia entre os elementos, Empédocles de Ácragas (atual Agrigento, 495-435 a.C.) quebrou esta postura e propôs a chamada *teoria dos quatro elementos*. Esta teoria ficou famosa nas mãos de Aristóteles, e reinou na Ciência por muitos séculos. Nela, todos os corpos seriam compostos de ar, água, terra e fogo. Estes elementos seriam primitivos, ingênitos, imutáveis e irredutíveis. As diferenças entre os corpos seriam conseqüência das diferentes proporções na composição dos mesmos. Empédocles escreveu em verso e seu poema intitulado *Sobre a Natureza* foi parcialmente preservado por Diógenes Laércio. Poucos fragmentos se referem à natureza e a história do Universo, que ele imaginava cíclico por razões filosóficas vinculadas precisamente à teoria dos quatro elementos.

Heráclito   Empédocles   Anaxágoras

Anaxágoras

Em contraste com a posição monista, um dos primeiros *pluralistas* reconhecidos, Anaxágoras de Clazomenas (500-428 a.C.) viveu em Atenas e levou o espírito inquisidor jônico com ele. Anaxágoras foi além da doutrina dos quatro elementos, e introduziu o conceito de *sementes*, infinitas em número e imutáveis (percebemos de imediato que ele estava falando de algo como os átomos de Leucipo e Demócrito, que serão discutidos mais adiante, mas com outro nome). Sua substância seria um agregado de partículas mínimas de todas as sementes existentes, denominadas *homeomerias*. As propriedades de um dado corpo dependeriam da predominância de uma dada homeomeria, e a existência de homeomerias de outras espécies, em todos os corpos, explicaria a possibilidade de transformação entre eles. Anaxágoras afirmou a incomensurabilidade entre o material e o imaterial (ou na linguagem posterior de Aristóteles, que a *causa material* sobrepõe-se à *causa eficiente* do Universo). O interesse de Anaxágoras nos céus era público e notório. Sustentava que havia pedras vagando pelos céus, e que se chacoalhadas poderiam cair na Terra. Assim, suas ideias foram alavancadas pela queda de um grande meteorito no ano 466 ou 467 a.C., o qual foi conservado e reverenciado por séculos em Aegospotami, norte da Grécia, e descrito pelo romano Plínio o Velho séculos depois. De forma consistente, Anaxágoras acreditava que o próprio Sol era uma espécie de metal incandescente e que as estrelas também eram pedras candentes, sem dúvida relacionadas aos meteoritos. Anaxágoras foi o inventor do *nous*, ou mente cósmica, que ocupou na sua Filosofia o lugar reservado para a *arché*, embora mais similar ao *logos* de Heráclito do que a uma verdadeira deidade. Também foi o criador da ideia de *panspermia*, já que argumentou que os seres vivos existiam em todos os astros e que podiam se deslocar entre eles. Por último, Anaxágoras tentou resolver o problema clássico da quadratura do círculo, (ou seja, construir um quadrado com área idêntica a um círculo dado) aparentemente na época em que foi preso por ateísmo em Atenas, mas não teve sucesso algum.

Figura 1.2. Alegoria dos quatro elementos de Empédocles

Pitágoras e a escola itálica

A última postura importante para as Ciências e as Matemáticas na sequência histórica é a de Pitágoras (570-495 a.C.) e sua *escola pitagórica*. Embora não tenha sido propriamente um atomista, Pitágoras influenciou o pensamento de Platão, no que diz respeito à constituição fundamental do mundo e vários outros pensadores importantes. A base do pensamento de Pitágoras e a visão do mundo natural dos pitagóricos estava centrada nos *números e nas relações numéricas*, pois procuravam interpretar a realidade através de uma série dessas relações numéricas. Na *escola itálica* (como também foi conhecida pela mudança dos pitagóricos para Crotona, na atual Itália), ideias com um forte viés místico-religioso permeavam os resultados objetivos obtidos principalmente nas Matemáticas, acreditavam que *os números são a essência do mundo*, em particular os números inteiros.

A noção da Harmonia do Universo, ou que "o Universo está cheio de música" implica nas relações numéricas entre os tons musicais, conforme será retomado adiante. Se a música possui uma série de relações numéricas e o Universo está cheio de música, isso equivale dizer que o Universo possui uma *estrutura matemática*. Assim, Pitágoras detém a ideia de compreensão do mundo através do estudo da Matemática.

Para os membros desta escola o *número* é o fundamento de tudo, sendo tudo que existe fruto de uma grande harmonia matemática universal. Podemos dizer que o *arché* de Pitágoras é o número. A escola pitagórica não chegou a formular e desenvolver extensivamente suas noções a respeito da matéria, mas pode-se dizer que o postulado de unidades fundamentais, de cujos múltiplos o mundo é constituído, e nada menos que a ideia de *unidades fundamentais*, de cujos múltiplos o mundo é constituído, e nada menos que a ideia de descrição *quantitativa* do Universo em termos de "blocos" fundamentais, a qual nasceu com eles.

Pitágoras

A inspiração para a teoria de Pitágoras foi um estudo da harmonia entre intervalos musicais. Usando um monocórdio (instrumento de corda única, nós usaríamos um berimbau [Kandus, Gutmann e de Castilho 2003]), Pitágoras observou que dividindo a corda em certos intervalos se obteria sons consonantes entre si, como o de 1/2 do comprimento da corda (oitava), 2/3 (quinta) e 3/4 (quarta). A partir dessa descoberta, Pitágoras estendeu sem mais esse princípio para todo o Cosmos, que ficou conhecido como "música das esferas". Os pitagóricos acreditavam no caráter *místico* dos números, e formavam uma cofraria com observância de regras rígidas que estava emparentada com os ritos órficos e ensinava a transmigração das almas, doutrinas que aqui não nos interessam, mas que formam parte do *corpus* pitagórico.

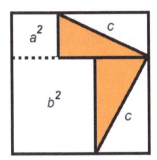 

Figura 1.3. Uma prova do Teorema de Pitágoras (que era conhecido pelo menos dois séculos antes na China). Os triângulos laranjas são iguais por construção, o os quadrados indicados têm a área a^2 e b^2, como é evidente. Basta "recortar" estes quadrados laranjas e montar a configuração da direita, onde a soma daquelas duas áreas $a^2 + b^2$ resulta igual à área c^2, a hipotenusa do lado esquerdo.

A controvérsia a respeito do alcance do convencimento pitagórico a respeito da natureza da realidade é muito longa, e não foi de todo concluída. Não é totalmente claro se os pitagóricos acreditavam que as coisas *eram* números, ou se os números descreviam as coisas, mas eram ontologicamente diferentes destas. Há algumas dúvidas a respeito da própria existência de Pitágoras, e em todo caso, também do seu papel real na escola pitagórica. Platão e Aristóteles, entre outros, nem o mencionam como matemático. É bem possível que o quadro que temos de Pitágoras tenha sido desenvolvido séculos depois, e por causa dos seus discípulos, vários deles sim matemáticos de porte. O consenso atual é atribuir a Pitágoras um papel de mentor/filósofo da escola, entendida como uma cofraria mística, algo similar a uma maçonaria ou seita, mas não um papel de pesquisador científico. O famoso Teorema de Pitágoras já era conhecido na China 200 anos antes dele, e também não parece ter realmente descoberto que as razões dos tons musicais seguiam uma sequência com números inteiros, embora este mito ficou bem conhecido e popular. A descoberta da *irracionalidade* dos números (por exemplo, da diagonal de um quadrado de lado = 1) decorre do Teorema, e deve ter sido percebida pelos pitagóricos, mesmo que tenham tentado ocultá-la [Burnett 2007]. Há registros concretos de ações hostis aos pitagóricos em Crotona, percebidos como indesejáveis pela população local. Mas o interessante é que os pitagóricos intuíram um mundo "quântico", composto de unidades *discretas*, e nesse sentido haveriam apreciado os desenvolvimentos atuais (Mecânica Quântica e derivados) com grande interesse e satisfação [Horvath et al. 2006]. Isto é todo um marco na história das Ciências que ressoaria por muitos séculos, até os dias de hoje.[https://plato.stanford.edu/entries/pythagoreanism/]

Há quem considere os pitagóricos como os pais da Ciência moderna e contemporânea, posto que suas contribuições são essencialmente *quantitativas* e não qualitativas (pelo menos na intenção), visão esta que tem sentido e resulta difícil de ser contestada.

A escola eleática

Parmênides

Da escola eleática, fundada na colônia grega de Eléia, na costa da atual Campania italiana, o filósofo Parmênides de Eléia (530-460 a.C.) em vez de procurar um elemento fundamental, começou por analisar e questionar a própria definição da realidade (o *ser*), e proclamou a negação/inexistência de todo o que não seja "ser" (que chamou de"*não-ser*"), e em especial, do *vazio* que teria que existir para que os corpos possam se deslocar de um lado para o outro [https://plato.stanford.edu/entries/parmenides/]. Distinguiu assim então tipos opostos de conhecimento: o sensível e o intelectual, o primeiro mutável e o segundo único e imutável. Parmênides percebe que "o nada" com o qual teria que ser associado o vazio, não pode sequer ser imaginado, e corresponde à categoria do *"não-ser"*, e por tanto não existe. Parmênides deduz a seguir que *não há* movimento, já que não há *aonde* se mover porque não há vazio, e o Universo é assim algo único, eterno, ingênito, imóvel, indivisível, imutável, homogêneo, contínuo e perfeito (parecido com algumas discussões modernas?), em violento desacordo com o movimento e os câmbios que observamos. O mundo de fenômenos para Parmênides não passaria de uma mera *ilusão*, pertencente ao âmbito do sensível. Na sua Cosmologia do aparente, tudo seria composto por dois princípios opostos: luz e trevas, calor e frio, isto é, fogo e terra. Esta atitude provocou debates e refutações que levaram a formulação de teorias da matéria com fundamentos metafísicos até hoje vigentes em muitos aspectos, como veremos em breve. Muito mais adiante ainda, no Capítulo 4, veremos como esta controvérsia, que envolve o ilusório e o real, se estende até o século XXI, alimentada agora por experimentos e observações que nada têm de evidente, e que levaram a várias interpretações que os pensadores gregos poderiam até ter desenvolvido se as conhecessem[Horvath, Rosas Fernandes e Idiart 2023], pelo menos o espírito grego seria adequado para esta discussão.

Parmênides

Zenão de Eleia e seus paradoxos

Membro da Escola Eleática e discípulo de Parmênides, Zenão de Eleia (~490 a.C.) foi um filósofo antigo, nascido na cidade de Eleia, região do sul da Itália atual. Era, como o mestre, defensor das ideias monistas - o mundo deveria ser constituído de apenas uma única substância, pois caso contrário, surgiria uma aparente contradição.

> *"Se as coisas (substâncias) são muitas, então devem ser iguais e diferentes, mas isso é impossível. Pois nem as coisas diferentes podem ser semelhantes, nem as coisas semelhantes podem ser diferentes."*

Zenão de Eleia.

O que conhecemos sobre a figura de Zenão é principalmente devido a Aristóteles e Platão, em seus textos *Física* e *Parmênides*, respectivamente. A maior contribuição de Zenão de Eleia para o pensamento filosófico certamente são seus paradoxos, principalmente aqueles contra o movimento. No sexto volume de *Física*, Aristóteles cita que existiam mais de quarenta paradoxos contra movimento formulados por Zenão, destacando quatro deles. Um desses paradoxos, e que também é o mais famoso, é o paradoxo de Aquiles, em que um corredor ágil nunca seria capaz de ganhar uma corrida contra uma simples tartaruga (Fig. 1.4). A ideia do paradoxo era a seguinte:

> *"Imaginemos que a tartaruga comece a corrida na posição t_0, à frente de Aquiles, que está na posição a_0. Durante o tempo que o corredor leva para ir de a_0 para t_0, a tartaruga também irá se deslocar, agora para uma posição t_1. Novamente, enquanto Aquiles corre em direção a posição t_1, a tartaruga alcança outra posição t_2.*

Esta lógica se estende indefinidamente, de tal forma que a conclusão de Zenão era que Aquiles nunca conseguiria ultrapassar a tartaruga, contrariamente ao que vemos.

Figura 1.4. A célebre corrida de Aquiles e a tartaruga, eternizada na literatura e o pensamento Ocidental.

Outro interessante paradoxo é o do estádio: imaginemos que você precise atravessar um estádio, partindo do ponto P_0 para P_1. Porém, para chegar em P_1, você precisa primeiro chegar ao ponto médio desse percurso, isto é, o ponto P_2. Mas para chegar em P_2, é preciso chegar ao ponto médio entre P_0 e P_2 – o ponto P_3. Esse raciocínio se estende infinitamente, de tal forma que você nunca sequer poderia sair do ponto em que começou, já que, para isso, deveria percorrer uma *distância infinita*. A conclusão desse raciocínio também é a de que o movimento seria impossível.

Um terceiro exemplo, o "paradoxo da flecha", aponta para o mesmo problema, mas destaca o caráter *dinâmico* deste. Imaginemos que um arqueiro atira uma flecha em direção ao alvo, e queremos falar sobre o movimento da flecha ao longo de sua trajetória. Nesse caso, em cada instante, a flecha deve ocupar uma única posição, na qual está, pela definição de "instante", parada. Devemos imaginar então que o movimento da flecha é de alguma forma composto por uma série de instantes em que ela está sempre parada? Claro que não, diriam novamente Zenão e Parmênides, isso é obviamente um absurdo, e é o movimento em si que deve, portanto, ser impossível.

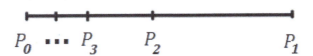

Isso certamente não é verdade, então como resolver o problema apresentado pelo paradoxo? Aristóteles parece não ter estado muito convencido da infinita divisibilidade colocada por Zenão, e distinguiu entre um infinito *real* e um *potencial*, dando uma primeira solução ao paradoxo. Se observarmos com cuidado o cerne da questão é que os gregos não concebiam que a soma de infinitos termos, cada vez menores, pudesse dar um resultado *finito* (de fato, se escrevermos uma série numérica para o raciocínio eleático, chegaremos a um resultado *finito*, que mostra que Aquiles alcançou a tartaruga e ganhou a corrida). Esta *passagem ao limite* da suma demoraria quase dois milênios e permitiria o desenvolvimento do Cálculo de Newton e Leibniz do Capítulo 3.

Alguns acadêmicos teorizam que foi em busca de contestar os argumentos de Zenão que os primeiros atomistas desenvolveram suas ideias, com o intuito de restaurar o movimento como uma *realidade*, e não como uma *ilusão*, como acreditavam ter demonstrado os eleáticos. Isto era o que precisava ser feito desde o ponto de vista filosófico e que levou a uma concepção do mundo com fortes ressonâncias atuais.

Os primeiros atomistas

Pela sua importância ao longo da História, a emergência do atomismo ocupa um espaço singular dentro das ideias da natureza do mundo. Por volta do ano 450 a.C. os filósofos pré-socráticos Leucipo e seu discípulo Demócrito formularam uma das primeiras teorias qualitativas a respeito da estrutura da matéria, cujas ressonâncias deixam-se ouvir ainda hoje como veremos depois. Eles foram os fundadores da *escola atomística*, a qual procurou dar uma resposta filosófica ao problema proposto por Parmênides criado pela oposição dual *ser–não-ser*. Com efeito, segundo Parmênides *não-ser* implicava o "não existir", enquanto os atomistas responderam a isto inventando o conceito de *vácuo*, o qual embora correspondesse ao *não-ser* parmenídeo (ou seja, não caracterizava nenhuma substância), tinha existência perfeitamente concreta como substrato no qual os átomos se movimentam, sendo essencial para o movimento deles (note-se a semelhança conceitual do papel do vácuo na física ao do *zero* na aritmética, inventado pelos árabes um milênio depois). Tudo o que há no Universo, segundo os atomistas, seria composto por átomos e vazio, como a música que seria composta por notas e pausas (certa duração de silêncio). Átomos se diferenciariam por sua geometria (como a diferença entre as figuras A e N), pela disposição ou ordem (como as diferenças entre NA ou AN) e pela posição (como N é um Z deitado). Diferentes combinações e proporções seriam responsáveis pelas diversidades de corpos [Burnett 2007, Sambursky 1956, https://plato.stanford.edu/].

Leucipo e Demócrito – As origens do atomismo no Ocidente

Pouco se conhece sobre a figura de Leucipo, nascido na cidade de Abdera (fl.séc. V a.C), que é considerado o pai do atomismo no mundo ocidental. Já os escritos de seu discípulo, Demócrito de Abdera (c. 460-c.370 a.C.), já são mais abundantes, sendo diversas vezes citado em escritos de Aristóteles. Seus conceitos são considerados como uma sistematização e aprimoramento da teoria de seu mestre. [https://www.filosofia.org/urss/dsf/atomisti.htm]

Figura 1.5. Leucipo, em retrato de Luca Giordano (1652)

Pensando sobre a grande ordem do mundo e a origem da matéria, Leucipo e Demócrito chegaram à conclusão de que o mundo era dividido em duas partes – átomo e *vácuo*. Esse último era caracterizado como o nada, a ausência de ser (contrariando frontalmente Parmênides). Já os átomos seriam minúsculas partículas indivisíveis, intrinsecamente imutáveis. Eles se movimentariam livremente pelo vácuo, combinando-se em diferentes formas e posições, constituindo assim o mundo visível.

Os átomos de Leucipo e Demócrito *não* seriam todos iguais, mas se diferenciariam em tamanho, ordem e até mesmo em direção. Características de materiais, como texturas, densidades e maleabilidades seriam todas explicadas por combinações únicas de átomos.

---

* Existem fontes confiáveis que afirmam que a primeira teoria atômica foi desenvolvida pelo proto-filósofo fenício Mochus de Sidon. Mochus teria vivido no século 13 a.C., e foi mencionado pelo geógrafo Strabo, citando o estoico Posidonius, mas também por Robert Boyle e o próprio Isaac Newton [https://www.oxfordreference.com/display/10.1093/oi/authority.20110803100202999;jsessionid=8DCB5AC721A40C33F905B0C4C7AED01F]. Porém, e embora o mais razoável seria que a transmissão desde o século 13 a.C. até os tempos de Leucipo e Demócrito no século 5 a.C. envolvesse algum registro escrito, nada sobreviveu. A pretensa identificação de Mochus com o Moisés da Bíblia é ainda mais incerta e provavelmente falsa.

Já as sensações humanas eram todas explicadas como o contato dos diferentes órgãos com filamentos de átomos que seriam emanados das superfícies. Cores eram consequência de "filamentos" com formas específicas sendo detectadas pelos olhos; enquanto gostos amargos por átomos com partes "afiadas" em contato com a língua, por exemplo. Uma consequência curiosa desse mecanismo é a de que átomos individuais seriam invisíveis: um átomo não é composto de vários átomos, e portanto não pode criar tais "filamentos" para interagir com os olhos.

O porquê dos átomos se organizam de tal forma a construir o mundo como vemos, na visão de Leucipo, o levou a ponderar sua possível adesão a algum tipo de dever divino que guiava as colisões atômicas (chamado de "necessidade"), para que elas ocorressem da forma correta. Mas finalmente esta espécie de intervenção divina, no sentido mágico, foi descartada pelos estudiosos do atomismo.

"Nenhuma coisa se engendra ao acaso, mas a partir do logos e por necessidade."

No Cosmos, Leucipo postulava, existia uma quantidade infinita de átomos movimentando-se num vácuo também infinito. O Universo seria, na verdade, um turbilhão de partículas que girava em torno de um centro.

Como todo este Universo era formado por átomos, era possível de ser completamente dissolvido e reconstruído novamente, enquanto os próprios átomos se manteriam intactos eternamente. De certa forma, podemos considerar esta como uma visão primitiva de uma *lei de conservação de matéria*, quase 23 séculos antes de Lavoisier "oficializar" tal lei natural.

Figura 1.6.Demócrito de Abdera, chamado "o Riente" pelas gargalhadas que lhe inspiravam as banalidades humanas

Com esta teoria atomista, Leucipo e Demócrito conseguiram eliminar os paradoxos de Zenão. Este argumentava que, se as distâncias podem ser divididas infinitamente, um corpo nunca poderia se deslocar, pois teria que atravessar distâncias infinitas num intervalo de tempo finito. Mas, idealizando os átomos como parte indivisível do espaço, então qualquer distância entre dois pontos é constituída de partes *finitas* de espaço, e que, portanto, pode ser atravessada em um intervalo finito. Além disto, e ponto da maior importância no qual insistimos, o *vácuo* atomista permitiria que os átomos se *movimentem nele*, escapando da imobilidade lógica que os eleáticos tinham imposto pela sua insistência em não atribuir realidade ao "não ser" parmenídeo. O vácuo é assim uma ideia da maior importância para o problema do movimento tal como discutido pelos atomistas.

A Cosmologia atomística reconhece pela primeira vez que a Via Láctea é formada por *estrelas*, as quais não seriam muito *distantes* e sim muito *pequenas*, na visão de Demócrito. Esta afirmação é o primeiro registro histórico qualitativo do que hoje chamaríamos do problema da *escala de distâncias* no Universo [Paulucci, Moraes e Horvath 2022]. Os filósofos gregos provavelmente não poderiam compreender uma "especialização" como a de nossos dias, já que para eles todos os problemas da Natureza eram importantes.

No pensamento atomístico original, a origem do mundo seria explicada por um processo puramente mecânico e aleatório, sem recorrer à intervenção de uma inteligência ordenadora. Os átomos se movendo no vácuo infinito com movimentos retilíneos e velocidades desiguais poderiam se chocar e da formação de imensos vórtices ou turbilhões se originariam os mundos.

Embora a filosofia grega não tinha em geral base experimental (exceção feita dos Estoicos), os atomistas parecem ter dado uma atenção real aos fenômenos observados, pelo menos a aqueles em escalas humanas. Segundo relatos recolhidos indiretamente por outros escritores, Demócrito sentiu em certa ocasião o cheiro de pão quente feito em um quarto vizinho com a porta fechada. De imediato, inferiu que a informação do *cheiro* estava chegando a ele transportada por partículas muito pequenas (certamente menores do que as frestas da porta). Esta observação poderia ser interpretada como a primeira inferência "experimental" do tamanho dos átomos (estritamente falando, um *limite superior* ao tamanho físico das moléculas orgânicas responsáveis pelo cheiro). Mas está claro que a possibilidade de entender a estrutura real da matéria estava muito longe ainda do domínio humano, já que seriam necessários muitos séculos de avanços tecnológicos. Contudo, a visão da escola atomística a respeito deste problema foi um marco conceitual historicamente importante para compreendermos a matéria e o Universo [Alfieri 1987], embora envolvesse só a Filosofia e a especulação, e não *experimentos* de nenhuma classe que demorariam séculos em ser feitos, e que na época do Leucipo e Demócrito eram ferramentas alheias à exploração do mundo.

A Filosofia Helênica depois dos pré-socráticos

Não é exagero dizer que o padrão da Filosofia Helênica/Grega, também chamada de Filosofia Clássica é virtualmente definida por três grandes pensadores, que estabeleceram uma relação de Mestre – Discípulo na História da Filosofia, são eles: Sócrates, Platão e Aristóteles. Tinham em comum a busca pela verdade, o que implicava em uma luta declarada contra os *sofistas*, grupo para quem tudo era relativo e o fim último de qualquer disputa era estar na certa. Cada um desses três pensadores desenvolveu o seu próprio método de filosofar: Sócrates, a maiêutica; Platão com a sua dialética dualista; e, Aristóteles com a sua lógica. Foi apenas com a lógica aristotélica que os sofistas foram efetivamente vencidos.

A trilogia Sócrates, Platão e Aristóteles

Sócrates

Sócrates nasceu e morreu em Atenas (470 a.C.-399 a.C.), e mesmo nada deixando por escrito, é tido como o "pai da filosofia" por representar o grande marco da Filosofia ocidental, o que não é totalmente correto, mas destaca sua relevância histórica e filosófica [Taylor 2019].

Uma ruptura metodológica e mudança de foco importantes na Filosofia natural foi introduzida por Sócrates (século V a.C.), mais na esfera da *formulação* das questões físicas e do conhecimento, do que propriamente na sua solução. O *método socrático* de se chegar à verdade, conhecido como *maiêutica*, embutia ideias do que mais tarde comporiam o método científico, embora fosse contraditório com este, pois pregava que o objeto da Ciência não era o sensível, mas antes o conceito que se exprime pela definição. Através de um processo dialético chamado *indução*, a verdade seria alcançada através da comparação de vários indivíduos da mesma espécie e eliminando-se as diferenças individuais, as qualidades mutáveis, o que restaria seria o elemento comum, a essência do que se estudava. Sócrates se interessa pouco pelo mundo natural, seu grande foco é o ser humano, e com ele a Filosofia tem um antes e um depois. É por isto que os eleáticos, os jônicos e os pitagóricos são conhecidos como *pré-socráticos*, ou *físicos*, muito interessados na natureza das coisas, enquanto as questões de natureza humana, a principal preocupação do Sócrates, passam a ocupar o lugar central da Filosofia depois da sua morte.

É claro que esta última observação não é absoluta (felizmente). Sem dúvida houve grandes nomes da Filosofia que mantiveram um interesse e foco na Natureza e seus problemas. Isto é particularmente verdadeiro para os sucessores de Sócrates, os quais incorporam e reciclaram boa parte do pensamento socrático, se interessaram tanto pelo homem e seus dilemas quanto pelo mundo natural. São dois nomes fundamentais que definiram o pensamento Ocidental da estrutura da matéria e do Universo por mais de vinte séculos: Platão e Aristóteles.

Platão

Platão (424/423 – 348/347a.C. com alguma ambiguidade nas datas) resgata a figura de Sócrates nos seus escritos, e pode ser considerado o responsável pela fundação da primeira instituição do tipo universitária da história: a *Academia*, a qual reuniu discípulos interessados em vários aspectos das ciências entre 387 a.C e 529 d.C., quando foi fechada pelo Imperador Justiniano, que a considerava um vestígio vergonhoso dos tempos pagãos. A *Academia* constituiu o elo entre as ideias pré-socráticas, o período clássico e a posterior escola de Alexandria, herdeira dessas tradições. Tanto os escritos completos de Platão quanto registros das suas doutrinas foram conservados, e fez a seu mestre Sócrates personagem de algumas das suas obras. Estes escritos platônicos, em forma de diálogos, contêm extensas discussões a respeito da "arquitetura" do mundo físico, o conceito de existência das substâncias e o conhecimento humano da realidade através do pensamento e da linguagem. A ele coube a formulação da teoria das propriedades físicas das substâncias conhecidas como *arquétipos platônicos*. Estes e outros assuntos platônicos são possivelmente os mais estudados da Filosofia.

É interessante apontar que Platão enxergava a Filosofia natural como um processo contínuo, em constante elaboração. Por isso, chega a desconfiar das próprias obras escritas, que detêm um caráter estático, como referências futuras. O formato de diálogo nelas cabe perfeitamente como estilo para Platão, onde ele de fato vai além da maiêutica socrática na estrutura e fluxo da argumentação.

Figura 1.7. Platão, o filósofo mais importante da História, segundo um amplo grupo de pensadores de todas as épocas. Já foi afirmado que "toda a Filosofia Ocidental é uma nota de rodapé à obra de Platão" [Whitehead 2006].

Platão é considerado o inventor da *forma*, conceito ideal concebido como ente mental perfeito e puro que contém propriedades na forma pura. Geralmente pensamos nas formas como objetos geométricos, mas para cada objeto/propriedade existiria uma forma platônica. Por exemplo, uma esfera (forma) faz com que uma bola de futebol (fenômeno) seja sua imagem. A bola ficará velha e apodrecerá, mas a forma correspondente não, já que não tem substância.

Assim para Platão existiria um mundo de *realidades*, objetivamente dotadas dos mesmos atributos que conceitos subjetivos que as representavam: aquelas são as ideias ou formas. A palavra *ideia* é até hoje fonte de confusão para nós, já que no Mundo Grego tinha um significado afastado do uso moderno. Talvez seria mais adequado chamar às formas de *tópicos*, termo atual mais adequado ao que Platão queria realmente dizer.

Como as formas são perfeitas e eternas, Platão identifica a realidade com elas, e todos os objetos do mundo como perecíveis e imperfeitos, em certo sentido ilusórios. A relação entre o mundo dos fenômenos e o mundo das ideias constitui a essência da Cosmologia e da visão do mundo platônicas [MacIntosh 2012].

A ideia da regularidade do mundo levou a Platão, em seu livro *Timeu, a* desenvolver sua concepção geométrica da matéria, em oposição aos atomistas. Os blocos fundamentais da Natureza seriam os cinco sólidos regulares, conhecidos como sólidos platônicos, sendo que cada um também representaria um elemento. Eles seriam o tetraedro (fogo), cubo (terra), octaedro (ar), icosaedro (água) e dodecaedro (quintessência - material com propriedades fantásticas, como acreditaram depois os alquimistas), que foi identificado com a forma do Universo mesmo.

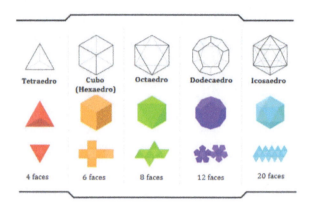

Figura 1.8. Os sólidos platônicos.

Entretanto, não seriam estes sólidos a menor e indivisível parte que formariam a realidade, mas sim um nível anterior, que são os triângulos retângulos isósceles e escalenos que formam tais sólidos. Algumas passagens dos textos de Aristóteles criticam essa ideia, problematizando, por exemplo, como corpos com peso poderiam ser estruturados de construções matemáticas planas e indivisíveis. Temos aqui a mistura da racionalidade com uma espécie de preconceito místico que se reflete na procura pela beleza e ordem, vistos como algo muito fundamental. Platão e muitos mais não conceberiam um Universo "feio e desordenado", possivelmente se sentiriam muito desapontados se fosse provado que é o caso. Como dito antes, a teoria de Platão foi elaborada como uma contrapartida às ideias de Leucipo e Demócrito, mas acabou não sendo tão importante quanto o atomismo. Porém, veremos no Capítulo 3 como essas ideias platônicas influenciaram Johannes Kepler a elaborar sua teoria sobre as órbitas planetárias.

No diálogo *Teeteto*, Platão inicia seus questionamentos sobre o conhecimento. Por tratar-se de obra da primeira fase de Platão, essa questão reaparece em praticamente todo o desenvolvimento da obra platônica, até ele dividir o mundo em duas categorias básicas: o mundo fenomenológico, apreendido através dos sentidos, físico, mutável, individual, onde reina a *doxa* (opinião); e, o mundo inteligível, acessível através da razão, metafísico, imutável, universal, onde reina a *epistemologia* (conhecimento) e, portanto, mais real do que o mundo fenomenológico. Os exemplos dados por Platão são de forte influência pitagórica, pois ninguém pode negar que 5 + 7 = 12 ou que o quadrado é uma figura geométrica de quadro lados e quatro ângulos iguais. Não é preciso ter visto um quadrado para atingir o mundo do conhecimento, basta usar a razão. O exemplo é dado no diálogo *Mênon*, onde, um escravo dialoga com Sócrates e consegue desenhar a figura de um quadrado, e a partir dele desenhar mais quatro quadrados idênticos, deduzindo finalmente a área que ocupa. (Figura 1.9)

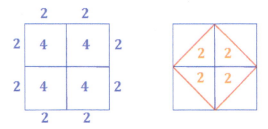

Figura 1.9. Sócrates e um escravo na obra *Mênon*. Depois de um diálogo a respeito da geometria e uma série de exemplos simples, Sócrates desenha um quadrado de 4 pés de lado e o escravo concorda com que as áreas dos 4 quadrados somam 16 pés² (esquerda). Agora Sócrates desenha as 4 diagonais em vermelho, e o escravo vê logo que a área do quadrado vermelho é metade do original em azul, lançando mão do que aprendeu anteriormente.

Conforme mencionado, as questões epistemológicas e ontológicas percorrem toda a obra de Platão, outro exemplo pode ser encontrado na sua obra *A República*, Platão põe na boca de Sócrates a chamada *alegoria da caverna*. Sócrates explica a seu sobrinho Glauco uma situação hipotética onde um grupo de prisioneiros encadeados dentro de uma caverna só pode olhar para dentro, e vê aparecer e sumir uns objetos. Os prisioneiros não sabem que fora há um fogo e que alguém agita bonecos e objetos que fazem sombras. Mas para os prisioneiros, essas sombras são os únicos objetos reais do seu mundo. Sócrates e seu sobrinho discutem o que aconteceria se algum prisioneiro conseguisse sair e ver o fogo e os bonecos. Seria possível para ele voltar e contar para os outros? E eles realmente compreenderiam a situação? Aqui a caverna é utilizada para colocar a grande pergunta: qual é o mundo "real"? para os prisioneiros no interior, somente as sombras são reais, mas elas decorrem de uma "realidade" muito diferente. E aquele que escapou e enxergou isso não poderia retornar à situação anterior, e identificaria o "real" com o mundo externo. Embora Platão utiliza isto para ilustrar sua teoria das *realidades* (formas) e os *fenômenos*, mas a força expressiva e a importância da pergunta atingem não somente a filosofia de Immanuel Kant, mas a nossa própria visão do mundo externo, face a construção dos objetos físicos que indica a Mecânica Quântica (Capítulo 4)

Figura 1.10. A Caverna de Platão, onde os que estão confinados no interior percebem sombras como os únicos objetos reais.

Enquanto o mundo ideal é facilmente explicável quando restrito a questões matemáticas, outras questões como o conceito de Justiça, o Belo, a Verdade tornam-se um pouco mais complexas de serem explicadas, contudo, não são impossíveis e Platão assim o faz, ou pelo menos tenta fazê-lo.

Platão também se ocupou da natureza do Universo e o movimento dos astros, revelando o mesmo espírito na procura de regularidade e ordem na sua obra o *Timeu*. É interessante observar que no platonismo o Universo teve uma *origem*, e por tanto tem uma idade, já que foi criado por uma causa externa e a divindade/demiurgo(que ele "importa" do mundo sobrenatural [Plato 2019]) é quem o constrói a partir do existente, ou seja, o demiurgo não cria a matéria, mas a ordena e trabalha para que resulte no Universo que conhecemos. Este problema de compreender de onde vem tudo, da *origem* da matéria, reaparece na Teologia cristã com o nome de *creatioexnihilo* e ocupa, cientificamente, um lugar nas cosmologias científicas atuais (Capítulo 5). O legado de Platão ao pensamento humano em geral, e às Ciências em particular é profundo e marcante, e suas obras ainda podem ser lidas com proveito. Na Filosofia, é virtualmente impossível se desentender de Platão.

Aristóteles

No século III a.C. o discípulo de Platão na *Academia*, Aristóteles (384–322 a.C.), que pode ser considerado o mais influente pensador da Antiguidade pela abrangência e autoridade a ele atribuída, elabora uma obra que foi em muito potencializada depois pela adoção efetuada na Idade Média pelos pensadores cristãos e islâmicos, e pela ação posterior de Santo Tomás de Aquino no século XIII A.D. que restaurou o aristotelismo quase intocado depois de mais de um milênio, como doutrina oficial da Igreja Católica [Hardie e Gaye 1984]. Aristóteles partiu do mesmo problema acerca do valor objetivo dos conceitos, construindo um sistema inteiramente independente de seu mestre Platão. Ao contrário de Platão que, idealista, rejeitava a observação como fonte de conhecimento certo (segundo ele, os estímulos sensores são muito passíveis de erro), Aristóteles propunha a observação fiel da Natureza e a aplicação de um método para a busca da realidade, ou seja, quer estudar o mundo sensível (meros fenômenos segundo Platão). Sintetizou uma metodologia proto-científica na Filosofia baseada em (a) definição de um objeto, (b) na enumeração de soluções históricas, (c) na proposta de dúvidas, (d) na indicação de uma solução própria, (e) no embate e refutação das sentenças contraditórias. Por fim isto levaria a uma unidade do conjunto em que todas as partes se comporiam, se corresponderiam e se confirmariam, pelo menos idealmente.

Aristóteles

As contribuições de Aristóteles são múltiplas, e em alguns casos muito significativas, como no estudo da Lógica formal e da Biologia. Embora sua visão da constituição da matéria foi uma variante da teoria dos quatro elementos, a qual ele adicionou mais um (o *éter* ou *quintessência*) que constituiria a matéria que os corpos celestes. Esta componente do Universo não poderia ser por nós experimentada, o qual para Aristóteles não tem muita importância, mas que para um empirista constitui uma declaração que põe os objetos cósmicos fora do hoje conhecemos por Ciência. Veremos o longo caminho até o reconhecimento de que os céus estão feitos da mesma substância que nós mesmos ao longo deste texto.

Aristóteles também se debruçou sobre o problema da menor unidade de matéria. Em oposição a Anaxágoras, pergunta qual é a menor porção de matéria que retém as características integrais. Por exemplo, dividir uma moeda de metal será possível até um certo ponto, já que se continuarmos vamos encontrar uma combinação dos quatro elementos de Empédocles, mas que não constituem o "metal" original. Este *corpuscularismo* (o nome é anacrônico, foi usado nesta forma na Idade Média) aristotélico não deve ser confundido com o atomismo, de fato Aristóteles critica bastante o atomismo. A diferença das ideias atomistas, estas porções (chamadas por ele de ελάχιστα, "elachista" ou *minima*) são potencialmente divisíveis, e de fato estão baseadas na ideia aristotélica hilomorfista, ou seja, substância e forma as definem. Por exemplo, um anel de ferro é constituído de substância (ferro) e forma (círculo). Por influência da Alquimia, muitos séculos depois, os *minima naturalia* seriam denominados *corpúsculos*. Esta noção se transformaria ao longo dos séculos pelos trabalhos dos Escolásticos e chegaria até Descartes, Newton e Dalton com a denominação de *minima naturalia* na tradução ao Latim.

Aristóteles, em seu tempo, já havia postulado que "a natureza tem horror ao vácuo", e que um espaço vazio é inexistente. Um Universo onde não existe vazio é, por definição, um Universo ocupado *continuamente* por matéria, uma doutrina que de princípio se coloca em plena oposição à atomista, proposta por Demócrito e Leucipo, e mais tarde retomada por Epicuro. Veremos como isto é enxergado pelos Estóicos e além.

Outras contribuições à Física de Aristóteles foram, por exemplo, ao problema da inércia e as leis do movimento, que não foram tão bem sucedidas, e uma certa rejeição às Matemáticas por parte do filósofo impediu avanços quantitativos nestas áreas.

Em sua obra *Física*, Aristóteles estabelece dois princípios:
- Movimento nunca é espontâneo: não há movimento sem um agente.

- Movimentos podem ser *naturais*, quando o agente é a própria natureza do corpo, levando-o a seu lugar natural; ou *forçado*, quando um agente externo o força contra o movimento natural.

Aqui, o segundo ponto se relaciona a como Aristóteles enxerga a construção do mundo, que é composto dos quatro elementos de Empédocles: terra, água, ar e fogo. Dentre as características que diferenciam os elementos, uma é seu peso: terra e água são consideradas pesadas, com terra sendo a mais pesada; enquanto ar e fogo são considerados leves, com fogo sendo o mais leve. Para Aristóteles "ser leve" e "ser pesado" são características absolutamente opostas, e não apenas extremos opostos de um mesmo contínuo.

Mais importante, a *tendência natural* de um elemento pesado é de descer na direção do centro do Universo; enquanto a de um elemento leve é de ascender na direção da periferia. Assim Aristóteles enxerga a formação da Terra, com a terra sob a água, e esta sob o ar; porém o que resulta não é um conjunto de esferas concêntricas perfeitas, uma vez que corpos em geral são formados por uma *mistura* dos quatro elementos.

Aristóteles vê movimentos como regidos por essa tendência natural de cada corpo, que varia de acordo com sua composição a partir dos quatro elementos. Aqui chegamos ao primeiro dos dois pontos acima: todo movimento tem um *agente*. Movimentos naturais são aqueles onde o agente é a natureza do corpo, isto é, puro movimento em direção a seu lugar natural. O movimento natural cessa assim que o lugar natural é alcançado.

Qualquer outro movimento é *forçado*, e deve contar com um agente externo *em contato* com o objeto do movimento. Podemos dizer aqui que Aristóteles não admite a possibilidade de *ação à distância*: a única maneira de causar um movimento forçado é pelo toque, e uma vez que o toque cessa, o movimento não mais pode ocorrer. Esse problema, que assombrará a gravitação Newtoniana, tornava-se grave já para Aristóteles quando se considerava o lançamento de projéteis: se uma pessoa atira uma flecha, o movimento da flecha não cessa mesmo quando esta perde contato com a corda do arco [Hardie e Gaye 1984, Lindberg, 2007].

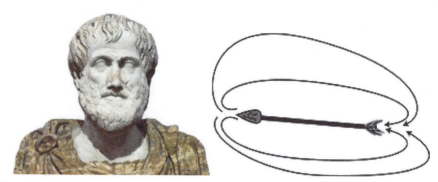

Figura 1.11. Aristóteles e o movimento. O arco impulsiona o ar atrás da flecha, que impulsiona a flecha. Ao se mover, a flecha tende a deixar um vácuo, que é ocupado pelo ar deslocado a frente da flecha. Esse ar continuava a empurrar a flecha para a frente até que a resistência do meio esgote o movimento.

Seguindo do primeiro princípio aristotélico, nesse caso a corda *não* pode ser a causadora do movimento. Aristóteles encontra sua resposta ao propor que é o *meio*, nesse caso o ar, quem deve ser responsável pelo movimento continuado da flecha. Como já vimos anteriormente, a Natureza Aristotélica é contínua; portanto, quando a flecha se desloca, o espaço que ela antes ocupava deve ser imediatamente preenchido por ar novamente, e esse ar só pode vir do espaço que a ponta da flecha passou a ocupar após seu deslocamento. Dizemos então que a corda causa o movimento do ar, e que o ar causa o movimento da flecha, empurrando-a para frente em seu constante circular de frente para trás.

Aristóteles ainda associa a duração e a distância coberto pelo trajeto à densidade do meio atravessado. Ainda no *Física*, ele afirma que o tempo necessário para um corpo deslocar-se por uma dada distância em um meio é proporcional à resistência do meio. Não há ainda, entretanto, qualquer noção de *aceleração* (ou nem mesmo de velocidade bem-definida, como veremos em breve com os Estóicos). O par força motiva-resistência do meio determina a distância e o tempo tomados pelo movimento; uma vez que eles são alcançados, o movimento cessa completamente.

Em suma, na Física Aristotélica, qualquer tipo de movimento que não seja *natural* só pode ocorrer enquanto durar a ação de um agente externo. Não existe a ideia de o próprio corpo tendo em si aquilo que causa o movimento forçado.

O Cosmos aristotélico dominou a visão do Universo por mais de 2000 anos. O postulado da *quintessência* indica que os corpos celestes (perfeitos e imutáveis) seriam formados e continuariam sem nenhuma modificação ou mudança por sempre. Com esta proposta, somente o que ele chamou de *mundo sublunar* (corruptível), próximo de nós, estava identificado com matéria ordinária, mas as estrelas e o Cosmos caiam fora da abordagem direta, sendo confinadas à esfera das ideias, por estarem compostas de algo que não experimentamos.

Para dar conta dos movimentos planetários observados, seu sistema do Universo teve de ser mais complicado do que os anteriores, adicionando esferas concêntricas transparentes em contato que explicavam o movimento dos planetas, à maneira de uma grande engrenagem. O seu Universo resultou assim único e imutável, com a Terra no centro, e com existência eterna (sem um começo), diferente do platônico.

Aristóteles foi muito bem sucedido na tarefa de sistematizar e expor sua doutrina, de uma forma muito clara (e as vezes esquemática demais), mas que permitiu depois avanços rápidos quando contestada e criticada a partir do século XV. Muito pouco sobrou das ideias atomísticas e platônicas na Física aristotélica, e a discussão da natureza da matéria enveredou mais para questões "metafísicas" segundo a linguagem atual (por exemplo, o assunto das *causas* do movimento e dos lugares naturais, à qual Aristóteles dedicara uma atenção destacada).

Por último, Aristóteles foi o primeiro pensador em propor e sistematizar as *categorias* de objetos do mundo físico, ou seja, tentou classificar as coisas em grupos que tenham qualidades em comum [htts://www.plato.stanford.edu, Reale 1980]. As categorias aristotélicas podem ser resumidas na lista seguinte:

- Substância, essência (*ousia* em grego), primária e secundária – exemplos de substância primária: este homem, este cavalo; substância secundária (espécies, gêneros): homem, cavalo.

- Quantidade (*poson*), discreta ou contínua – exemplos: comprimento de dois pés, número, espaço, (comprimento do) tempo.

- Qualidade (*poion*, de que tipo ou descrição) – exemplos: branco, preto, quente, doce, curvo.

- Relação (*pros ti*, em direção a algo) – exemplos: duplo, meio, conhecimento.

- Lugar (*pou*, onde) – exemplos: em um mercado, no *Liceu*.
- Tempo (*pote*, quando) – exemplos: ontem, ano passado.
- Posição, postura, atitude (*keisthai*) – exemplos: sentado, deitado, em pé.
- Estado, condição (*echein*, ter ou ser) – exemplos: calçado, armado.
- Ação (*poiein*, fazer) – exemplos: lançar, aquecer, esfriar (algo).
- Carinho, paixão (*paschein*, sofrer ou sofrer) – exemplos: ser aquecido, ser resfriado.

Embora inúmeros esquemas foram propostos, nos referimos às categorias porque existem tentativas de categorização contermporâneas da matéria que serão nosso interesse no Capítulo 5.

Veremos depois como o debate a favor ou contra o aristotelismo se estendeu por toda a Idade Média e até a Moderna, quando tanto sua visão dos céus quanto do movimento e da natureza da matéria foram fortemente contestadas e refutadas.

A Filosofia Helenística

Com a tomada de Atenas por Alexandre, o Grande, a Grécia passa ser parte do império da Macedônia. Os atenienses, até então tão orgulhosos da sua forma democrática e livre de se autogovernar, passam à condição de súditos de um império mais rude e pouco intelectualizado. A busca pela verdade sucumbe e mais uma vez o foco da Filosofia é alterado: a busca pela verdade cede lugar à busca de como ser feliz, ainda que em condições adversas. Contudo Alexandre admirava a cultura helênica, posto que fora educado pelo próprio Aristóteles. Em suas contínuas conquistas, que alcançam a fronteira da Índia, Alexandre queria espalhar a cultura grega, mas ocorreu também o oposto: a Filosofia grega incorporou uma série de conceitos próprios do Oriente, além do que havia assimilado no tempo do jônicos. Assim nasce uma série de escolas filosóficas novas, com visões próprias do mundo natural que aqui nos interessa, e que são expostas a seguir.

Os Estóicos e o Contínuo

Assim como Aristóteles, os chamados filósofos *Estóicos* acreditavam também num Universo preenchido de forma contínua por matéria – embora, ao contrário de Aristóteles, eles admitissem um *vácuo* existindo em torno do Universo (ou seja, o que vemos não seria todo o que existe). Não devemos nos enganar, entretanto, em pensar que os Estóicos retomaram a teoria Aristotélica da mesma maneira que os Epicuristas retomaram aquela de Demócrito, como veremos. O contínuo Aristotélico é um meio fundamentalmente passivo, consequência da sua teoria do movimento, enquanto o contínuo Estoico é, por definição, o meio ativo do Universo [www.britannica.com].

Figura 1.12. Reconstrução da *Stoa Poikile* e as ruínas atuais do local

Zenão de Cítio   Crísipo de Solos   Cleantes de Assos

A escola Estóica foi fundada no século III a.C. por Zenão de Cítio (334-262 a.C,), que costumava se encontrar e debater com seus pares em público, ao modo de Sócrates, sob o Pórtico Pintado da Ágora de Atenas, ou a *Stoa Poikile*, que deu seu nome à escola. Esse primeiro Estoicismo, chamado de *velha Estoa*, teve seus maiores expoentes em Zenão e em seus dois sucessores: Cleantes de Assos (330-230 a.C) e Crísipo de Solos (279-206 a.C.), o "segundo fundador do Estoicismo". Foram os Estóicos os primeiros a dividir rigorosamente a Filosofia entre Lógica, Física e Ética, e trataremos aqui em particular da segunda.

Séculos mais tarde, a escola estóica daria origem aos chamados famosos "estóicos romanos": Sêneca, Epíteto e o Imperador Marco Aurélio. Estes concentraram-se principalmente no problema da Ética, e é por eles que a escola hoje é conhecida, dando origem ao significado moderno do adjetivo "estoico" como alguém rígido e resignado diante de dificuldades.

Sêneca   Epíteto   Marco Aurélio

As fundações observacionais do Estoicismo

De forma marcante, toda a Física Estóica parte de um princípio que é inspirado por *observações*, uma de natureza mecânica, outra biológica. Os Estóicos viam terra, fogo, água e ar como os quatro elementos básicos que compunham o Universo, e se haviam atentado para as capacidades mecânicas do fogo e do ar: de que ar comprimido exerce uma força de resistência, ou que vapor quente exerce uma força expansiva. Isso indicava para eles que o ar e o fogo seriam dotados de um caráter *ativo*, enquanto a água e a terra seriam *passivas*.

Esse caráter ativo do fogo e do ar era reforçado também por sua associação com a vida, cujo fim é marcado pelo fim da respiração e perda de calor. De uma maneira um tanto sugestiva para a Termodinâmica moderna, o filósofo e estadista romano Cícero (106-43 a.C.), aderente da escola Cética e estudante do estoico Posidônio, descreve uma doutrina de Cleantes sobre a função do calor como

> *"É uma lei da Natureza que todas as coisas capazes de nutrição e crescimento contêm em si um suprimento de calor, sem o qual seu nutrimento e crescimento não seriam possíveis; pois tudo de uma natureza quente, flamejante provém sua própria fonte de movimento e atividade; mas aquilo que é nutrido e cresce possui um movimento definido e uniforme."*

Esse "elemento de calor" os Estóicos associaram à *mistura de ar e fogo*, e recebeu o nome de *pneuma*, o elemento central da Física estóica. A própria respiração de seres vivos é colocada como o *pneuma* por excelência (respiração ou sopro sendo, de fato, suas traduções) e ao *pneuma* é dado o atributo de *estrutura*, uma vez que com a morte – o fim da respiração – o corpo perde sua estrutura e degrada-se.

Dessa perspectiva, torna-se natural supor que todo o Universo deve estar *completo e continuamente* preenchido por *pneuma*, uma vez que para todo lado observa-se a existência de um mundo material inorgânico organizado. Esse é o contínuo ativo dos estóicos, em grande contraste com o de Aristóteles. Não só deve o *pneuma* preencher o espaço entre os corpos, como os próprios corpos devem, sendo dotados de estrutura, ser compostos de uma mistura da matéria passiva com o *pneuma* ativo. Aqui surge um dos grandes problemas a perturbar a Filosofia grega: o que realmente significa uma "mistura" de componentes distintas?

O problema do infinitamente divisível

Em uma teoria atomista, a definição de mistura ocorre de maneira imediata: matéria mistura-se com matéria como uma pilha de grãos de arroz pode se misturar com uma pilha de grãos de feijão. A ausência de uma unidade fundamental complica essa definição no caso contínuo. Aristóteles, por exemplo, admite que as componentes de uma mistura transformam-se umas nas outras, ou uma terceira coisa diferente. No exemplo clássico da gota de vinho pingada no oceano, o vinho transforma-se em água, e aumenta simplesmente o volume do oceano. Os Estóicos foram um tanto mais rigorosos em sua tentativa de conciliar continuidade com mistura, como requerido por sua Física, e definem mistura como a situação onde líquidos podem misturar-se com líquidos ou sólidos, sem que as componentes percam suas qualidades, estando assim em oposição a Aristóteles. De acordo com Crísipo, *"Não há nada que previna uma gota de vinho de misturar-se com todo o mar [...]. Por meio da mistura a gota se espalha por todo o Cosmos"*.

O problema da mistura está intimamente ligado ao problema de *divisão infinita*, onde os Estóicos [Sambursky 1988] avançaram várias ideias que, uma vez combinadas à estrutura matemática adequada, viriam a dar origem ao Cálculo diferencial com Newton e Leibniz. Para discutir esse desenvolvimento, somos bem servidos pelo paradoxos de Zenão, em particular o da flecha, que se desloca mas parece estar em repouso a cada instante.

Hoje, é claro, estamos muito bem acostumados a falar em *velocidade instantânea*. Basta olhar para o velocímetro do carro em uma viagem; embora a viagem seja composta, imaginamos, de instantes, o velocímetro nunca marca uma velocidade nula. O que nos permite falar rigorosamente em tal quantidade é o cálculo diferencial e, mais particularmente, o conceito de *limite*, que nos permite resolver ambos os paradoxos sem recorrer à ideia de que movimento é impossível. Define-se a velocidade como a razão entre o deslocamento Δx em um intervalo Δt, e toma-se intervalos continuamente mais pequenos; fazendo-se Δt, tender a zero, Δx também vai a zero, mas a velocidade *permanece finita*. Isto constitui uma descrição efetiva da *passagem ao limite* na Matemática.

De acordo com Crísipo:

A Filosofia Helênica depois dos pré-socráticos

"Tempo é o intervalo de movimento com referência ao qual a medida de rapidez e lentidão é sempre realizada",

imediatamente fazendo a associação com a velocidade – mesmo que com uma ideia intuitiva desta –, e sugerindo a importância de pensar-se em um *intervalo*. Mantendo-se firmes em sua noção de que o tempo é contínuo, os Estóicos rejeitam completamente qualquer noção de um intervalo indivisível, de tal forma que o presente nunca é um instante.

Pneuma, tensão e oscilações

Com relação ao movimento, na ausência de átomos que pudessem sofrer colisões, os Estóicos foram os primeiros a considerar cuidadosamente a propagação de fenômenos em um meio contínuo, ressaltando a importância da propagação circular, em duas dimensões, e da propagação esférica, em três dimensões; foram os primeiros a usar a analogia com ondas d'água para descrever tal propagação sobre o ar.

Figura 1.13. O *pneuma* estoico, ar e fogo, em representação pictórica livre

Dada sua analogia com ondas d'água, os Estóicos também provavelmente estavam bem familiarizados com o fenômeno de expansão de ondas em uma região *fechada*, onde as ondas refletidas ao atingir as bordas interferem com as ondas incidentes. O resultado dessa interferência é a formação de padrões regulares hoje chamados de *ondas estacionárias*, e que para os estóicos podem ter vindo a representar a coexistência de movimento e repouso, uma vez que para esse tipo de vibração eles deram o nome de "movimento tensional" (*tonikékineses*). Enquanto os atomistas podiam explicar a diferenciação entre as coisas em termo do movimento e colisões dos átomos, para os Estóicos seriam diferentes *modos de vibração* do *pneuma* os responsáveis por conferir atributos diferentes a coisas distintas. Veremos ideias similares na mecânica ondulatória moderna.

Cosmologia, causalidade e livre-arbítrio no Estoicismo

Em um Universo contínuo preenchido por corpos e que interagem pela tensão do *pneuma*, todo evento é causa de outro evento, e tudo que acontece é causado por um evento anterior, estando portanto inserido em uma longa cadeia inviolável de causa/efeito, o que foi chamado de *destino*[Gould 1974]. Em *Sobre Destino*, Crísipo dá a definição

> *"Destino é a razão (*logos*) do Cosmos; ou a razão dos eventos que ocorrem no Cosmos sob a providência; ou a razão por o que aconteceu, acontece e acontecerá",*

expressando um determinismo *absoluto* similar àquele que seria discutido por Laplace muitos séculos mais tarde.

Aqui surge um dos problemas que mais preocupavam os Estóicos: como conciliar seu Universo determinista com a ideia de livre-arbítrio. A solução oferecida por Crísipo se baseia em que, mesmo que o mundo externo esteja além de nosso controle, ainda temos controle sobre nossas *reações* ao mundo. *O "livre-arbítrio" estóico se reduz às particularidades do indivíduo que ditam sua resposta a estímulos externos. Embora seja fácil de desafiar essa noção e argumentar que ela não se trata de livre-arbítrio real, é marcante notar o compromisso estóico com a consistência de sua escola, algo não tão comum na época.*

Apesar de hoje conhecidos principalmente por sua Ética, vemos que os Estóicos formularam uma abordagem unicamente científica (ou quase científica) entre as escolas clássicas, onde observação e um certo nível de rigor teórico – aqui exemplificados, respectivamente, pela inspiração mecânica e biológica do *pneuma*, e pelo compromisso com a causalidade – levaram-nos a ideias surpreendentemente alinhadas com importantes conceitos da Física moderna, descobertos séculos depois, tais como o de infinitesimais ou o papel fundamental da Termodinâmica. Como escrito por Samuel Sambursky,

> "[...] uma visão geral [...] nos é revelada na física Estóica talvez mais marcantemente que em qualquer outra teoria filosófica da Grécia Antiga; nós encontramos um análise penetrante de método científico ou de raciocínio científico que é, ou feita sobre o objeto errado, ou misturada com superstições sem valor".

Isto posto, cabe-nos avançar pra a escola a próxima escola helenística a ser abordada, o Epicurismo.

Epicuro e o "segundo atomismo"

Em aberta oposição à doutrina estóica do contínuo, na saga da doutrina atomista, e assimilando as críticas aristotélicas, um século depois Epicuro modificou o materialismo atomista de Demócrito, para quem o movimento dos átomos era inevitável e necessário, admitindo que os átomos poderiam *desviar-se* espontaneamente da linha reta. Ele fez isto com o intuito puramente filosófico para justificar a possibilidade e a existência do livre arbítrio, o qual era visto como um problema importante na época, como vimos, bem antes do pensamento cristão. Hoje, quando o conceito de *trajetória* de uma partícula como o elétron não tem sentido, já que a imprevisibilidade associada ao seu movimento é tão grande que quase se assemelha a uma vontade própria, isto parece trivial. Mas Epicuro pensava em termos de corpúsculos microscópicos indivisíveis e localizados [https://plato.stanford.edu/].

Embora a geometrização proposta por Platão seja às vezes confundida com uma espécie de atomismo, o fato é que ele era fortemente *contra* as ideias do atomismo materialista, como pode ser visto em seus diálogos *Timaeus* e *Phaedo*. Karl Marx, quando jovem, escreveu em sua Tese de Doutorado sobre a reação de Platão frente ao atomismo [Marx 2018]:

> *"Aristoxeno diz que Platão quis queimar todos os escritos de Demócrito que pudesse reunir, mas que os pitagóricos Amiclas e Clinias o demoveram, porque de nada adiantaria, dado que os livros já se encontravam em poder de muitas pessoas."*

O mesmo relato sobre a oposição de Platão ao movimento atomista é citado por Friedrich Nietzsche em sua obra *O Nascimento da Filosofia na Época Trágica dos Gregos* (1873).

A razão desta forte rejeição de Platão se dá ao fato de que o atomismo surgiu para fornecer uma solução ao problema do movimento, levando inexoravelmente à conclusão que *todo o Universo*, incluindo os seres humanos e a *alma*, são produto de átomos que colidem no vácuo. Esta ideia reduzia tudo o que existe a meros processos mecânicos e se opunha à existência de qualquer propósito ou significado no mundo, o que era inaceitável para Platão. Segundo este, a matéria nada mais é do que uma versão imperfeita das *formas* perfeitas (vide abaixo). Seu Universo ordenado e lógico, criado por um demiurgo/

criador, não poderia ser produto de meras colisões aleatórias de uma matéria imperfeita. Além disso, Platão acreditava também que o atomismo não era capaz de considerar toda a complexidade e diversidade do mundo e falhava em explicar a existência de conceitos não-materiais, como por exemplo Justiça e Beleza.

O átomo dos Epicuristas no "segundo atomismo"

Apesar da enorme influência de Platão sobre o pensamento filosófico, a doutrina do átomo foi recuperada no Período Helenístico através filósofo grego Epicuro de Samos (341 – 270 a.C.), cerca de dois séculos após a doutrina atomista de Leucipo e Demócrito. Historicamente a Grécia passava por um período de expansão para além das fronteiras geográficas, constituindo um grande império que ocasionou também na difusão de sua cultura. Todo este contexto de mudança política, econômica e cultural demandou também uma mudança no pensamento filosófico, visto que os indivíduos passam a se perceber como uma parte insignificante de um todo e com uma vida efêmera. A busca pela felicidade se torna atrelada com as liberdades individuais, com a auto-suficiência. [https://www.filosofia.org/urss/dsf/atomisti.html]

Epicuro

A escola de filosofia epicurista surge neste contexto e se pauta na ideia de que o objetivo final da vida humana é o de atingir o prazer/felicidade e evitar a dor, seja ela de qualquer natureza, buscando a tranquilidade interior. O conhecimento do mundo natural era considerado segundo sua filosofia como um dos meios de viver uma vida virtuosa, onde as crenças religiosas ou supersticiosas deveriam dar lugar à razão e à observação. Epicuro pretendia executar um programa que liberasse o ser humano de todos os temores e amarras naturais e sobrenaturais, não é estranho que fosse atacado com intensidade.

A respeito da constituição da matéria, Epicuro resulta um continuador da obra dos primeiros atomistas, adicionando elementos novos, ele escreveu:

> *"Os átomos têm uma inconcebível variedade de formas, pois não poderiam nascer tantas variedades se as suas formas fossem limitadas. E para cada forma, são absolutamente infinitos os semelhantes, ao passo que as variedades não são absolutamente infinitas, mas simplesmente inconcebíveis."*

Em uma breve síntese, as ideias de Epicuro podem ser definidas como
- O Universo é composto por átomos e vazio;
- O Universo é ilimitado e infinito.
- Os átomos estão em constante movimento;
- Os átomos se movem no vazio do Universo;
- Os átomos são infinitos em número;
- Os átomos possuem propriedades como tamanho, forma e peso, e são elas que definem as propriedades dos mesmos;
- O átomo possui formas diversas e infinitas;
- A aglutinação dos átomos deu origem a tudo;
- Os átomos se juntam conforme suas formas;

Segundo esta doutrina, que levou em conta críticas ao atomismo feitas por Aristóteles, o Universo é infinito tanto no número de seus átomos quanto na extensão de seu vazio. Diferente da doutrina de Demócrito que atribuía como propriedades fundamentais apenas a forma e o tamanho dos átomos, Epicuro introduz também o *peso* como um atributo fundamental, característica que causou e continua causando considerável debate entre os especialistas [Agustin 2006]. Os átomos se movimentam e se juntam ao acaso, e é o seu peso que faz com que eles caiam eternamente dentro de um vazio cósmico, ainda que possam sofrer desvios levando os átomos a colidirem entre si e se aglutinarem. Em evidente contraste com o dogmatismo de Platão e Aristóteles, a doutrina epicurista introduz não apenas o conceito de *acaso*, como também o conceito de *liberdade*, que foi desenvolvido posteriormente por seu discípulo romano Lucrécio, além de eliminar a necessidade de explicações sobrenaturais para os fenômenos naturais.

O movimento dos átomos segundo Epicuro

Segundo Epicuro, o movimento "natural" das coisas é uma *queda vertical* e, mais ainda, as velocidades não dependem do peso dos átomos, como podemos ver no postulado:

> *"Os átomos se deslocam no vazio do Universo, o movimento vertical é natural, e suas velocidades não se alteram pelo seu 'peso' diferente."*

Como alternativa para as trajetórias observadas no movimento, Epicuro admite pequenos movimentos laterais chamados de *desvios*. Desta maneira os átomos recuperam a liberdade, não estão sempre seguindo "ordens" metafísicas para cair (problema importante na época, mas não atualmente). Ao mesmo tempo, a admissão de desvios é essencial para permitir a existência do mundo material como o conhecemos: se estes não ocorressem, os átomos, viajando todos a velocidade constante na mesma direção ("para baixo") nunca colidiriam, e a matéria nunca poderia se aglomerar e formar estruturas complexas.

Embora a tentativa de Epicuro em responder Aristóteles tenha resultado um pouco confusa, e não seja claro se ele estava na verdade falando sobre o conceito de *massa* (e não do *peso*), é certo que seus pensamentos quanto a este conceito e o de *inércia* eram pioneiros e precisaram de séculos de evolução até passar por Gassendi, Boyle e Galileu para serem bem compreendidos. O conceito de *aceleração* também precisou de muito tempo: Aristóteles pensava em termos de *velocidade*, não da sua variação. Os primeiros em reconhecer o papel da variação da velocidade (aceleração) parecem ter sido Jean Buridan e Nicolau de Oresme, muitos séculos mais tarde.

Lucrécio e o "terceiro atomismo"

A ruptura com as crenças religiosas tradicionais e com os valores morais da época acabam gerando uma oposição tanto de alguns filósofos quanto da sociedade em geral às ideias epicuristas, embora tenha sido um dos movimentos mais populares do período helenístico. Coube ao poeta romano Tito Lucrécio Caro (60 – 55 a.C.) a tarefa de recuperar e sintetizar a doutrina atomista de Epicuro três séculos depois, no que aqui chamamos de "terceiro atomismo". Em seu poema épico intitulado *De Rerum Natura*, Lucrécio expõe a origem e a estrutura da realidade, a qual não é obra dos deuses nem de um demiurgo platônico.

Lucrécio e sua obra *De Rerum Natura*

O Homem, o éter, a Terra, o Sol, a Lua e as próprias estrelas são frutos de combinações incessantes e imperceptíveis de parcelas infinitamente pequenas que se movem livres no vazio do espaço: o movimento é eterno.

Lucrécio escreve em Latim e evita usar a palavra grega átomo, especialmente porque àquela época a palavra "atomus" em Latim *não era* utilizada com o sentido de partículas indivisíveis. Com liberdade poética e em substituição, ele utilizava as expressões "*seminarerum*", "*corpurarerum*", "*corpos primevos*" e "*corpos gerativo*". Infinito em números, mas finito em formas, os átomos se deslocam no vazio, em infinitas rotas onde ocorrem choques aleatórios que produziriam *moléculas* se "engatando", as quais em incontáveis combinações, formariam todas as coisas que existem. Além disso, uma outra mudança importante ao atomismo proposta ainda por Epicuro e difundida por Lucrécio é a de que dois ou mais átomos ligados teriam um peso *menor* que a soma das suas componentes. Isto decorre, segundo eles, de ter mais vácuo aprisionado. Embora esta última razão é hoje rejeitada, é verdade que todos os objetos ligados têm menos massa (e consequentemente peso) que suas componentes esparsas. Moléculas se formam pela ação de "ganchos", ou seja, elos mecânicos diretos na teoria atomística.

Figura 1.14. Os átomos podem se combinar porque possuem "ganchos" que assim o permitem, a formação das moléculas aparecia pela primeira vez como conceito constitutivo da matéria.

Para Lucrécio, nada é obra dos deuses nem de um artesão criador, até mesmo a própria alma humana é fruto das combinações dos átomos. Sem medo de punições divinas, o homem estava finalmente livre para estudar e pesquisar todas as coisas do Universo infinito – da alma às estrelas, todas compostas da matéria que Platão considerava imperfeita.

Este era precisamente o cerne da filosofia de Epicuro, a liberação do homem de todas as influências que o limitam. Possibilitando o estudo de todo o Universo sem recorrer aos deuses, Lucrécio anuncia assim quatro princípios básicos:

a) Nada pode nascer do nada
b) Nada vai para o nada
c) A matéria é composta de pequenas partículas que se movimentam no espaço vazio
d) Tudo é composto de átomos.

Vemos claramente nos postulados a) e b) o embrião da ideia das *leis de conservação*, tão importantes na Ciência moderna. Neste caso, Lucrécio declara que a matéria não pode surgir ou sumir no vácuo.

Por último, e seguindo Bertrand Russell [2001], podemos ver que os atomistas originais nem se tocaram em responder às críticas de Aristóteles a respeito do movimento. Aristóteles distingue quatro causas do movimento: *material, eficiente, formal* e *final*. Os atomistas originais tinham claro que o movimento dos átomos é *aleatório*, e assim não precisa de condições iniciais nem justificativa. Isto é exatamente o que diria qualquer físico contemporâneo. A preocupação de Epicuro neste sentido parece desnecessária e o levou a introduzir a queda vertical como "natural", estragando a simplicidade e a lógica do atomismo original e sem, no entanto, avançar na questão da inércia.

O período Helenístico e seus desenvolvimentos

As campanhas militares de Alexandre de Macedônia (356 a.C.-323 a.C.), que passou para a História como *Alexandre Magno* foram determinantes para a difusão e hibridização da cultura grega em territórios muito distantes aos quais levou uma série de novos fatos, e por sua vez recolheu e incorporou costumes "bárbaras" no mundo grego (ele próprio teve várias esposas e encorajou a troca de costumes e bens entre eles e seus conquistados).

Figura 1.15. Perfil de Alexandre Magno em moeda cunhada no século IV a.C.

Alexandre conquistou um Império muito vasto, e assim promoveu tanto uma helenização dos povos orientais quanto uma introdução no Ocidente de elementos culturais variados, incluídos os das Ciências. A cidade de Alexandria que ele fundou no atual Egito se converteu num elo fundamental entre tradições científicas e filosóficas muito diferentes. Alguns dos construtores desta nova visão sintetizada serão apresentados a seguir.

A Biblioteca de Alexandria como centro cultural do Ocidente e Oriente

O período Helenístico teve como centro cultural e filosófico a *Biblioteca de Alexandria*. Embora muitos considerem a Academia de Platão como a primeira instituição do tipo universitário do mundo, a Biblioteca fundada na cidade de Alexandria pela dinastia Ptolomaica, na saga dos grandes centros que já tinham funcionado em Uruk, Nínive e Babilônia constituiu um centro cultural e abrigou pensadores por séculos. Alexandre Magno, fundador de Alexandria, conhecia estas iniciativas e seus sucessores da dinastia Ptolomaica imaginaram e executaram a Biblioteca com o intuito de reunir todo o conhecimento existente e reforçar a presença helenística, a essa altura culturalmente hegemônica que resultou de uma hibridização das bases helênicas e as culturas orientais conquistadas por Alexandre. A localização perfeita no Mediterrâneo Oriental e a farta disponibilidade de meios materiais (incluindo o papiro nativo do Egito) foram fatores importantes no sucesso desta iniciativa [Bilhete 2014].

A Biblioteca serviu como imã para os pesquisadores e pensadores de todo o mundo helenístico, que moravam nas dependências anexas e tinham espaço de trabalho e toda a documentação e suporte necessários. Não é assim estranho que ao longo dos séculos, vários desenvolvimentos marcantes foram produzidos na Biblioteca por parte dos seus membros.

Euclides e a Geometria plana

Um dos nomes importantes para este período Helenístico, fazendo uma "ponte" entre a Academia de Platão onde estudou e Alexandria, é o do matemático Euclides de Megara (que viveu *circa* 300 a.C.). Euclides deve ter pelo menos participado dos planos da Biblioteca, já que desenvolveu seus trabalhos em Alexandria no tempo do rei Ptolomeu I. É considerado um dos grandes matemáticos do mundo Antigo, e embora escreveu uma variedade de obras, seu livro *Elementos* é sua obra prima e a que teve maior difusão [Joyce 1998].

Os *Elementos* tratam da geometria no plano (hoje chamada de *euclideana*), e outros temas menos conhecidos, como aritmética e geometria de sólidos. Sua estrutura é notável: Euclides começa a discussão da geometria com cinco axiomas e deduz o resto do conteúdo deles, na forma de proposições e teoremas. Vemos que há mais de 2000 anos, o pensamento matemático grego tinha atingido um grau de amadurecimento e formalização notáveis, de fato os *Elementos* foi o livro texto em algumas escolas da Inglaterra até o século XIX. Não são uma apostilha qualquer, mas um verdadeiro clássico, extremamente bem executado e apresentado rigorosamente.

Figura 1.16. O chamado *papiro de Oxyrhinchus*, do século I a.D., com uma das proposições *dos Elementos*.

Vale a pena transcrever os cinco postulados para enxergarmos a síntese elegante atingida por Euclides, se apoiando obviamente em mais de dois séculos de predecessores, mas evidenciando uma força e rigor novas que ele imprime a sua obra. Os axiomas são:

Axioma I: Por dois pontos quaisquer, pode-se traçar uma única linha reta.

Axioma II: Qualquer reta finita pode-se continuar (de uma maneira única).

Axioma III: Pode-se traçar um círculo com qualquer centro e com qualquer raio.

Axioma IV: Todos os ângulos retos são iguais.

Axioma V: Se uma reta, ao cortar outras duas, forma ângulos internos, no mesmo lado, cuja soma é menor do que dois ângulos retos, então estas duas retas encontrar-se-ão no lado onde estão os ângulos cuja soma é menor do que dois ângulos retos (Figura 1.17).

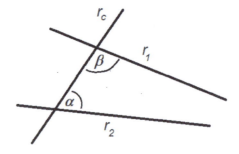

Figura 17. As retas r_1 e r_2 são cortadas pela terceira r_c. Se os ângulos α e β satisfazem α + β > 180º, o Axioma V afirma que a interseção das duas está do lado direito da figura.

O Axioma V é bastante complexo e suspeito quanto para ser contestado. De fato, por muitos séculos houve matemáticos que tentaram provar (ou refutar) sua validade. Euclides suplementou os Axiomas com outras condições gerais, por exemplo, os *Axiomas de intersecção*

Axioma I: Dois pontos distintos determinam uma única reta.

Axioma II: Toda reta possui pelo menos dois pontos.

Axioma III: Existem três pontos que não pertencem a mesma reta.

Axioma IV: Dado um ponto A não incidente a uma reta r, existe no máximo uma reta que é incidente a A e não intersecta.

E também uma definição de *paralelismo* que diz: *duas retas são ditas paralelas se a sua interseção for vazia*.

A negação do Axioma de intersecção IV é possível sem perder consistência, desde que estejamos trabalhando acima de uma superfície que *não seja plana*. Assim chegou-se à descoberta das chamadas *geometrias não-euclidianas*, que resultam justamente de considerar que se não estivermos num plano, o Axioma IV não é válido. O primeiro que enxergou esta vasta área foi ninguém menos que Gauss no começo do século XIX. As geometrias com curvatura positiva (esfera) ou negativa (hiperbolóide) foram estudadas posteriormente no século XIX por Riemann e Lobachevsky, e resultaram importantes para a Relatividade Geral de forma inesperada já no século XX. Ao longo dos séculos, formas equivalentes do quinto Axioma (e dos outros) foram descobertas. Por exemplo, David Hilbert realizou na virada do século XIX um *aggiornamento* que ficou até mais conhecido que o sistema original.

A obra de Euclides marca um ponto alto do raciocínio e rigor matemáticos. E mostra a força do método *hipotético-dedutivo*, que depois seria também aplicado às Ciências físicas com sucesso, em oposição ao empirismo intuitivo. Mas demoraria séculos de desenvolvimento compreender e apreciar estas metodologias, e sua validade para o mundo físico não é um assunto estabelecido.

Eratóstenes e o raio da Terra

Outros vários feitos científicos helenísticos desenvolvidos especificamente na Biblioteca de Alexandria são muito notáveis e merecem ser considerados. Um destes tem a ver com a medida do raio da Terra, que em boa parte da Antiguidade era associada com uma forma esférica, pelo menos desde os gregos 300 anos antes da Era Cristã, mas com algum debate e opositores pelas mais variadas razões através dos séculos. Um dos mais famosos nomes da Astronomia grega, Eratóstenes de Cirena (276-194 a.C.), conseguiu *medir* o raio da Terra com uma precisão muito grande simplesmente observando a sombra de uma vara vertical (denominada *gnômon*) no mesmo dia do ano (21 de Junho) em Alexandria, na costa mediterrânea e em Syene, distante uns 800 km ao sul seguindo o curso do rio Nilo (Figura 1.19) [West 2017]. Nesse dia, Eratóstenes sabia que não existia em Syena sombra nenhuma ao meio-dia, ou seja, o Sol batia exatamente na vertical, mas no ano seguinte ele próprio conferiu que havia, no mesmo dia, uma curta sombra em Alexandria, coisa que ele julgou impossível numa Terra plana (Fig. 1.18).

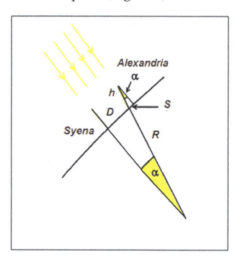

Figura 1.18. A determinação do raio da Terra pelo grego Eratóstenes. Quando percebeu a existência de sombra de uma vara em Alexandria no mesmo dia em que o Sol estava vertical na cidade de Syena, Eratóstenes utilizou a semelhança de triângulos para escrever que $\frac{R}{D} = \frac{h}{S}$. Medindo o comprimento da sombra S e a distância entre as cidades D, e conhecendo a altura h da vara-gnômon, o raio da Terra R pode ser determinado de imediato.

Eratóstenes encomendou então a contagem da distância D entre as duas cidades a uma caravana de camelos (ou seja, os membros da caravana estimavam a distância somando o deslocamento dia a dia, Fig. 1.19) e depois utilizou a geometria de triângulos para determinar o raio terrestre (Fig. 1.18). O resultado de Eratóstenes foi muito acurado, com erro total da ordem de 1% da medida atual. Acredita-se que este erro mínimo resultou do cancelamento de erros nas quantidades medidas, o qual precisa de um pouco de sorte levando em conta todas as incertezas envolvidas. Mas esta foi a primeira vez que, como produto da observação e compreensão profundas dos fenômenos mais simples (sombras) houve uma determinação real (e acurada) do tamanho da Terra, um dos exemplos mais brilhantes da Ciência do Mundo Antigo.

Veremos que Aristarco de Samos tinha também argumentado que os eclipses eram sombras da Lua e a Terra, e que mostravam formas esféricas da Terra. Em vários séculos, sempre houve um consenso entre as pessoas ilustradas (incluída quase toda a Igreja Católica na época das viagens do navegante genovês Cristóvão Colombo!) a respeito de uma Terra esférica, não plana.

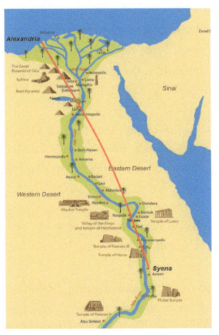

Figura 1.19. A quantidade que faltava para Eratóstenes. A distância entre as duas cidades egípcias Alexandria (norte) e Syena (sul), praticamente no mesmo meridiano, foi medida utilizando uma estimativa do tempo que levava uma caravana de camelos, multiplicado pela velocidade média da mesma marcada com a linha vermelha. A distância D foi expressada em estádios (medida grega que era algo entre 157 e 209 m, com erros e ambigüidades, mas eles devem ter se compensado para que a determinação final fosse somente de 1%).

Arquimedes de Siracusa

Continuando com as descobertas do período Helenístico, chegamos a Arquimedes de Siracusa (287- 212 a.C.) quem foi um dos maiores cientistas do Mundo Antigo, com notáveis trabalhos em Física, Engenharia e Matemática. Embora não chegou a trabalhar na Biblioteca de Alexandria, e nem se sabe sequer se a visitou, Arquimedes era conhecido no centro cultural do mundo helenístico de Alexandria, e mantinha contato com Eratóstenes [The Archimedes Palimpsest 2023]. São conhecidas as versões populares das suas invenções mecânicas e ópticas, de fato, o sítio de Siracusa pela frota romana foi demorado longamente graças à utilização de mecanismos de defesa por ele construídos.

A obra de Arquimedes é abrangente, e muito importante. Não vamos aqui a passar revista a tudo, mas tão somente a alguns feitos notáveis de Arquimedes. No campo da física de fluídos, é muito conhecido seu *princípio*, generalização que ele encontrou do estudo de corpos flutuantes e afundados. A formulação mais simples diz que:

> *Um corpo total ou parcialmente imerso em um fluido, recebe do fluido uma força vertical (empuxo), dirigida para cima, cuja intensidade é igual à do peso do volume do fluido deslocado pelo corpo.*

Arquimedes consegue compreender as condições de flutuação e de afundamento em termos do empuxo e do peso real do objeto na água. Esta formulação quantifica a condição de flutuação, não formula nenhuma razão metafísica e prescreve exatamente o valor numérico do empuxo.

As contribuições de Arquimedes para a Matemática são ainda mais importantes. Ele foi pioneiro de um método (exaustão) para calcular áreas de figuras inscrevendo e circunscrevendo polígonos com áreas calculáveis (embora a invenção é atribuída a Antifon e Eudoxo no século V a.C.). Na Figura 1.20 o círculo tem uma área que esta entre o maior e menor, e estes dois limites vão convergindo quando o número de lados aumenta. Arquimedes foi pioneiro do conceito de *passagem ao limite* no mundo grego. Somente Leibniz no século XVII chegaria a formalizar e fundamentar totalmente para a criação do Cálculo Infinitesimal.

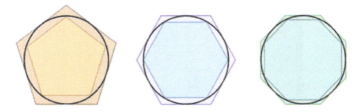

Figura 1.20. Com polígonos de um número cada vez maior de lados, a área do círculo preto pode ser calculada (melhor dito, limitada entre as áreas dos dois polígonos) com precisão crescente.

Finalmente observamos que Arquimedes demonstrou usando a exaustão que o volume de uma esfera inscrita num cilindro tem um volume de 2/3 daquele (Fig. 1.21). Arquimedes apreciava muito este resultado, e Cícero diz ter achado no ano 75 a.C. o túmulo abandonado de Arquimedes com um gravado em pedra com esta representação.

Figura 1.21. O resultado obtido por Arquimedes que tanto ele apreciava: o volume de uma esfera circunscrita a um cilindro tem um volume de do volume daquele.

É fato que Arquimedes morreu na tomada de Siracusa pelos Romanos em 212 a.C., embora o general Marcelo tinha ordenado que não o machucassem. A lenda conta que os soldados romanos surpreenderam Arquimedes enquanto ele resolvia um problema geométrico. Quando ordenaram que os acompanhasse, Arquimedes aparentemente se negou e foi morto (Fig. 1.22). Suas últimas palavras, segundo a lenda popular, podem ter sido:

μή μου τούς κύκλους ταραττέ (não perturbe meus círculos)

Figura 1.22. Arquimedes, 212 a.C. aos soldados romanos que interromperam seu trabalho e o mataram

O túmulo de Arquimedes voltou a ser extraviado, e embora há uma lenda de que é o que está na chamada área arqueológica de Siracusa, este não tem gravura alguma. A construção de um hotel próximo revelou um túmulo, atribuído a Arquimedes por 60 anos, mas que aparentemente pertence ao Rei Agatocle de Siracusa, quem viveu um pouco antes de Arquimedes. Independentemente destas confusões históricas, notamos que os trabalhos de Arquimedes já eram eminentemente *quantitativos*, tal como é exigido de qualquer disciplina científica moderna. O Helenismo tinha de fato transformado o caráter da Ciência neste sentido, e uma expressão cabal da extensão desta transformação aparece nas obras de Euclides e Arquimedes.

Mas além destes desenvolvimentos científicos, o mundo Ocidental sofria grandes mudanças. O Cristianismo tinha surgido com força, e logo após o século I, se sucedem os Padres da Igreja, fundadores da corrente Patrística e em seguida os Padres Apologéticos, que fundamentariam as bases das religiões cristãs. Em 410 a.D. Roma é saqueada pelos visigodos de Alarico e o Império Romano do Ocidente chega ao fim. A longo prazo, isto traria consequências para a Biblioteca de Alexandria, agora isolada como centro cultural no Império Romano de Oriente, que hoje conhecemos como Bizâncio.

Aristarco, o pioneiro do heliocentrismo

Um feito fundamental do pensamento grego tardio, na saga do Helenismo de Alexandre Magno, e que já poderíamos chamar com propriedade de Ciência, tal como a conhecemos, foi a determinação da natureza e distâncias ao Sol e à Lua por Aristarco de Samos (310 a.C. - 230 a.C.), a única voz que nos chegou do mundo grego oposta à doutrina vigente das dimensões da Terra, o Sol e as distâncias até as estrelas (embora a *existência* de uma esfera onde estavam as estrelas não foi por ele contestada) [Mark 2022].

O primeiro fato a ser levado em conta é que o Aristarco não duvida em aplicar leis da Física terrestre ao domínio estelar. Ou seja, não aderia em absoluto à ideia aristotélica de quintessência como constituinte do mundo além da Lua. Com esta metodologia, Aristarco *unificou* implicitamente a natureza física dos objetos terrestres e celestes, fato até então inusitado e que só se tornaria aceito quase dois milênios mais tarde.

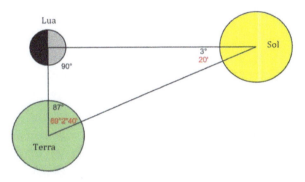

Figura 1.23. A Lua em quadratura, os ângulos que Aristarco mediu a olho nu (em preto) e os valores reais (vermelho). Embora o raciocínio é correto e muito agudo, era praticamente impossível uma acurácia maior sem nenhum instrumento. Assim, o tamanho do Sol e da Lua, embora significativamente grandes, ficaram aquém dos seus valores reais. Mas este problema prático não diminui o valor da visão de um grande cientista.

Aristarco pensava (como a maioria dos gregos clássicos) que a Terra era uma esfera e identificou os eclipses com as *sombras* dos astros, o qual está basicamente correto. Mas na contramão do pensamento geocêntrico vigente, ele pensava que era a Terra que girava em torno do Sol, e não o contrário. Aristarco tentou determinar a distância e do raio do Sol e da Lua usando as medidas das *quadraturas* (Fig. 1.23) procedimento de raciocínio impecável mas impossível de ser executado com os meios que ele tinha (embora há quem diga que poderia sim ter sido mais cuidadoso, mas que na verdade somente estava interessado nisso com desenvolvimento aplicado da Matemática). Numericamente sua estimativa resultou muito errada porque os dados que precisava utilizar, diretamente determinados a olho nu, continham erros grandes. Independentemente disto, o modelo de Aristarco entrou imediatamente em conflito aparente com a observação da imobilidade das estrelas (e em conflito com a ausência de paralaxe anual das estrelas, tendo sido a rotação diária por ele atribuída à própria Terra): em um modelo heliocêntrico a ausência de paralaxe anual implicava que a distância até a esfera das estrelas tinha que ser muitas ordens de grandeza maior que a aceita até então, de modo a não ter efeitos observáveis. Assim, a distância até as estrelas no modelo heliocêntrico de Aristarco tinha um limite inferior muito mais elevado. Os modelos geocêntricos, no entanto, não apresentam esse problema porque as estrelas não têm paralaxe anual, já que estão sempre à mesma distância da Terra, numa distribuição esférica perfeita.

O modelo heliocêntrico de Aristarco estava talvez muito adiantado a seu tempo, e foi duramente criticado e depois ignorado. A síntese final da Antiguidade grega clássica foi atingida uns séculos depois, na obra *O Almagesto* de Ptolomeu, astrônomo da Biblioteca de Alexandria por volta do ano 150 d.C. Utilizando a medida da circunferência da Terra por Eratóstenes (com resultado apenas cerca de 2% menor que o aceito atualmente), a distância até a esfera das estrelas fixas foi determinada por Ptolomeu em uns 20.000 raios terrestres, ou algo como 2000 vezes a distância ao Sol (com a medida dessa época, esta última de fato estava subestimada por um fator ~20). Esta escala de distância maior, ainda modesta para nós hoje, permaneceu por mais de 1200 anos como a verdadeira. Veremos nos próximos Capítulos como foi que, lentamente, a Ciência saiu desse impasse para desenvolver uma verdadeira Revolução que mudou muito a visão do Universo dominante até então, começando pelo heliocentrismo de Copérnico.

O atomismo na Índia

A constituição do mundo segundo a Filosofia Oriental

A Grécia não foi a única civilização antiga em que surgiram escolas filosóficas de pensamento atomista. Os indianos chegaram a ideias atomistas que lembram muito conceitos atuais da Teoria Quântica, e é possível que tenha influenciado o pensamento grego (ou vice-versa) por intermédio do Império Persa. Assim como os gregos, o atomismo indiano era um exercício de pensamento abstrato, sem evidência experimental. As três escolas atomistas (*paramāṇuvāda*) se desenvolveram por volta de 600 a.C., sendo elas a ortodoxa *Nyāya-Vaiśeṣika* e as heterodoxas Jainista e Budista [Horne 1960].

Precedentes: Rig Veda, Upanishads e Samkhya

A primeira literatura indiana a mencionar a ideia de leis universais da natureza foi o *Rig Veda*, uma coletânea de textos sagrados escritos entre 2000 e 1500 a.C. A lei cósmica estaria associada a *Brâhman*, que seria o conceito sânscrito para absoluto, a realidade última do Universo, e que não deve ser confundido com *Brahma*, o criador, que junto com *Shiva* (destruidor) e *Vishnu* (restaurador), formam os três elementos da *trindade hindu*.

Outros textos importantes formam os *Upanishads*, escritos ao longo de vários séculos até a época de Buda (500 a.C.). Esses textos mencionavam o conceito de *svabhava*, entendido como "a natureza inerente dos objetos materiais", tal como queimar no caso do fogo e fluir para baixo no caso da água. Também temos o conceito de *yadrccha* ou acaso, implicava a falta de ordem ou causalidade. Ideia semelhante foi defendida por Demócrito: "Tudo no Universo é fruto do acaso e da necessidade", como exemplificou com a semente da papoula, que pode florescer, ou não, dependendo se cair em um terreno fértil ou rocha árida, o que é uma questão de acaso. Já se tornar uma papoula ou oliveira é questão de necessidade.

Os *Upanishads* desenvolveram classificações primitivas da matéria a partir da força unificadora de *Brâhman*, que se manifesta em *tejas* (fogo), *ap* (água) e *ksiti* (terra). Mais tarde, a classificação incluiu ar e *akasa* (podendo ser traduzido como *espaço* ou *éter*), precedendo a doutrina dos quatro elementos de Empédocles. Posteriormente, o sistema filosófico *Samkhya* (séculos VI e V a.C.) relaciona cada um desses elementos a um dos cinco sentidos (tato, visão, audição, paladar e olfato), fazendo com que o universo intangível e eterno se manifeste na matéria bruta. A matéria viria do que está "potencialmente presente", "o que é não manifesto torna-se manifesto", e transformação da matéria se dá a partir de uma "matéria potencial".

A Escola Nyāya-Vaiśeṣika

Escola ortodoxa *Nyāya-Vaiśeṣika* de tradição védica, foi fundada por Maharishi Kanada ("aquele que come grãos") por volta de 600 a.C. defendia a existência de átomos baseado no argumento de que assim como as roupas que parecem contínuas na verdade são feitas por fios de tecido, a matéria deveria ser constituída de partes, os átomos (aṇu-parimāṇa) que são indivisíveis, esféricos e eternos. O texto mais antigo dessa escola, datado do século I a.D, é chamado de *Vaiśeṣika-Sutra* de Kananda. É postulado um mundo em contínua mudança, em que causa e efeito são diferentes mas conectados. Segundo a escola *Nyāya-Vaiśeṣika* o todo tem uma existência própria e não se reduz a soma das partes, por outro lado, quando o todo se desintegra, as partes continuam com sua existência separadamente. É assim estabelecida uma visão *holística* do mundo.

Os átomos poderiam se combinar com outros átomos de diferentes classes, formando díades. Uma *tríade*, por sua vez, era composta de três díades (esse conceito lembra vagamente a teoria dos quarks, vide Capítulo 4)

Figura 1.24. Acharya (Maharishi) Kanada ("o Mestre que ensina das menores partículas")

O Paramāṇu (análogo ao átomo, para Kanada) é a menor unidade de medida possível, na filosofia da escola. Abaixo estão as unidades de medida propostas em relação umas às outras, em uma espécie de escada que as relaciona como múltiplas umas das outras:

- 8 Paramāṇu = 1 Rathadhūli, pó de carruagem;
- 8 Rathadhūli = 1 Vālāgra, cabelo (hoje considerado como ~ 75 μm);
- 8 Vālāgra = 1 Likṣā
- 8 Likṣā = 1 Yūka, piolho

- 8 Yūka = 1 Yava, milho de cevada
- 8 Yava = 1 Águla, dígito (largura de um dedo, 3/4 de polegada ou ~ 1,9 cm)

Fazendo as contas, concluímos que 1 paramānu é cerca de $7{,}2 \times 10^{-8}m$. O átomo, tal como o conhecemos hoje, é cerca de 700 vezes *menor* que o Paramānu de Kanada. Mas não deixa de ser interessante que, embora o Paramānu seja para eles inobservável, a Escola conseguisse uma estimativa *quantitativa* das suas dimensões.

Os átomos podem ter diferentes atributos, por exemplo, átomos de terra possuem odor, átomos de água possuem sabor, átomos de fogo possuem cor. E também poderiam se combinar em díades e tríades. É importante destacar o caráter *realista* das ideias de Kanada.

A Escola Jainista

Escola fundada por Mahavira por volta de 600 a.C., o Jainismo descreve o átomo como distinto e poroso, tendo capacidade de extensão e condensação, sendo um ponto no espaço. Diferente da escola *Nyāya-Vaiśeṣika*, os pensadores jainistas rejeitavam a noção de dualidade todo-parte. Eles acreditavam que o átomo era tanto causa quanto efeito da matéria.

As substâncias sem forma são *dharma* (meio do movimento), *adharma* (meio do repouso), *akasa* (espaço), *kala* (tempo) e *jiva* (alma). Por outro lado, substâncias com forma (*pudgala*) tem a ver com o mundo de matéria e energia e incluem *anu* (átomo) e *skandha* (molécula). Átomos se combinavam para formar agregados, que por sua vez, compõem todas as manifestações da matéria física, e vinham em opostos: *snighda* positivo ou suave, e *ruksha* negativo ou áspero.

Figura 1.25. Lokapurusha, o Homem cósmico do Jainismo

A Escola Budista

Fundada por Sidarta Gautama, também por volta de 600 a.C., o budismo se dividiu em várias escolas. As escolas realistas *Vaibhāṣika* e *Sautrāntika* do tronco Hinayana estabelecem uma concepção atomista *realista*, em contraposição às escolas *Yogācāra* e *Mādhyamikas*, que postulam a realidade como sendo *ilusória*. O átomo na concepção budista era visto como transitório, passando continuamente por mudanças de estado, visto mais como uma força ou energia presente na matéria.

A Filosofia Helênica depois dos pré-socráticos

Figura 1.26. Estatua gigante de Buda em The Po Lin (atual Hong Kong)

Diferenças entre o atomismo grego e indiano

Ainda é tema de debate entre os historiadores se o atomismo indiano influenciou o grego, ou vice versa, ou se desenvolveram independentemente. No atomismo grego de Leucipo e Demócrito, tanto os átomos quanto o vazio são *reais*, sendo que os átomos possuem diferentes tamanhos e formas.

Enquanto para os gregos os átomos possuem diferenças *quantitativas*, para os indianos eles possuíam diferenças *qualitativas*, já que há átomos de terra, água, ar e fogo. No atomismo grego, átomos estão em movimento, o que não ocorre no atomismo indiano. Podemos dizer de forma muito geral que o atomismo grego apresenta uma concepção mais *mecanicista* de Universo, enquanto o indiano apresenta uma concepção *holística* [https://plato.stanford.edu/entries/naturalism-india/].

Existe uma diferença no tipo de raciocínio abstrato que levaram gregos e indianos a conceber o conceito de átomo. Os primeiros formularam um raciocínio "de cima para baixo", ou *top-down*: imagine uma faca que possa cortar qualquer material em pedaços cada vez menores, se chegaria a um ponto que não se poderia mais cortar. Já os últimos formularam um raciocínio "de baixo para cima, ou *bottom-up*: O que teria mais partículas? Uma montanha ou um monte de areia? Obviamente a montanha, o que significa que existe um número *finito* de partículas, que por sua vez não se poderia cortar indefinidamente. Se as partículas fossem infinitesimais, os dois objetos teriam o mesmo número de partículas, o que parece não fazer sentido.

Figura 1.27. Brahma, o Criador do Universo

Direta ou indiretamente, a Índia influenciou o Ocidente e levou a desenvolvimentos e ideias difíceis de separar, incorporadas por pensadores e filósofos que trabalharam nos tempos Helenísticos e na saga do Império de Alexandre. É por esta razão que mencionamos alguns dos seus elementos mais destacados, e veremos a importância da "Idade de Ouro" na Índia mais adiante [Teresi 2008, Caruso e Oguri 2006].

O fim da Antiguidade e a passagem para a Idade Média

A integração do mundo helênico à República Romana, o que marca o fim do Período Helenístico, foi um processo lento, consistindo em conflitos sucessivos com os vários fragmentos nos quais explodira o império de Alexandre após a sua morte. Começando no século II a.C., a conclusão dessa integração só se deu de fato com a morte de Cleópatra VII (a mais famosa delas) e a anexação do Egito por Augusto em 40 d.C., representando o fim do último reino helenístico no Mediterrâneo e a fundação do Império Romano.

O período romano não representou o fim da Filosofia grega; como famosamente escrito pelo poeta romano Horácio (65 - 27 a.C.), "A Grécia cativa capturou seu grosseiro vencedor e, armada com as artes, invadiu o rústico Lácio". Entretanto, Roma nunca produziu o mesmo nível de abstração e pensamento científico ou quase-científico que vimos emergir na Grécia. Como David Lindberg discute, a cultura Latina considerava a Filosofia como uma mera atividade de lazer, sem o mesmo interesse a dedicar-se a assuntos "tediosos", e contente em somente emprestar da Grega aquilo que parecesse "interessante ou útil".

As escolas tradicionais – a Academia (Platão), Peripatética (Aristóteles), Estóica, Epicurista e Cética – continuaram a dominar a Filosofia nesse período; mas, como mencionado antes, tendiam cada vez mais à Ética, centradas no propósito de guiar o indivíduo à "boa vida" (*eudaimonia*). Nomes famosos como Cícero, Sêneca, Epíteto e Plutarco, em geral continuaram a trabalhar dentro das escolas pré-existentes, e temos pouco a falar em termos de inovações até a Antiguidade Tardia. Todas essas escolas seriam lentamente suprimidas ou absorvidas pelo pensamento Cristão, a partir de sua ascensão política no Século IV d.C..

É difícil e arbitrário estabelecer o momento do «fim da Antiguidade», já que pode ser argumentado que, mesmo aceitando o lento declínio da Biblioteca de Alexandria, este final parece mais com um processo que com um ato. Por esta razão, e antes de apresentar a invasão e destruição completa da Biblioteca, tocaremos brevemente em alguns desenvolvimentos científicos importantes que podem ser atribuídos a esta época de transição, antes de declarar começada a Idade Média do Capítulo seguinte.

João Filópono

Na época tardia da Biblioteca de Alexandria se destaca o nome de João Filópono (c. 490 - c. 570 a.D.), também conhecido como *o Gramático*, quem foi um teólogo neoplatônico cristão de Bizâncio e comentador de Aristóteles. Durante sua vida Filópono fez sérias críticas à dinâmica Aristotélica. Estas foram derivadas principalmente de preocupações teológicas, como não seria incomum ao longo da Idade Média, incluindo o conceito que se tornará o ímpeto de Jean de Buridan, como veremos a seguir.

Figura 1.28. João Filópono foi contemporâneo de duas das mais famosas figuras do Império Romano do Oriente, ou Império Bizantino, o Imperador Justiniano (482 – 565) e a Imperatriz Teodora (c. 500 - 548). Acima, parte dos famosos mosaicos representando Justiniano, Teodora e sua corte na *Basílica di San Vitale*, em Ravenna, Itália.

No centro de suas inovações estava a ideia de que o movimento de um corpo pode ser causado por uma *força interna* (*endotheisa dunamis*) que é *impressa* por um agente externo, e não somente por uma força externa continuamente aplicada (movimento forçado) ou pela natureza do corpo (movimento natural). No problema da flecha tratado por Aristóteles, deixa de haver necessidade do meio como intermediário: o projétil recebe do agente a capacidade de movimentar a si mesmo. Sem abandonar a concepção Aristotélica de movimentos naturais e forçados, Filópono nivela a distinção: todo movimento é causado por um agente interno.

Um segundo conceito envolvido na *dunamis* de Filópono é de que ela se *esgota* após um dado período de tempo. Para ele, essa quantidade é *consumida* pelo movimento em si, que não pode ser eterno, mesmo no vácuo, que ele admite poder existir; e é também transmitida para o meio se este existe, acelerando sua exaustão. Em outras palavras, a "força interna" de Filópono ainda é uma quantidade *não-conservada*, sendo continuamente gasta pelo objeto.

Filópono também discutiu a causa da queda de corpos lançados para cima. Enquanto Aristóteles afirmava que o movimento de subida era causado pelo ar impulsionado pelo agente do lançamento, e que a queda *também* era causada pelo agente ao tirar o projétil de sua "posição natural", Filópono atribuiu o movimento de subida ao *dunamis* impresso pelo agente, e a queda ao *próprio corpo*, dotado de uma tendência natural de voltar à elevação original.

Tal flexibilidade do conceito de ímpeto não foi desperdiçada por Filópono, que buscou unificar todo tipo de movimento em uma única dinâmica. Enquanto para Aristóteles havia uma diferença, por exemplo, entre os movimentos celestes, os movimentos de animais e o movimento de uma pedra caindo, para Filópono todos estes são causados por um *dunamis* que, em última instância, foi implantada por Deus. Ainda que claramente o *dunamis* que gera o movimento de um animal não possa ser tão simples quanto aquele que gera o movimento de uma flecha, e que tal generalização do princípio só seja feita sob a noção da existência de um Deus criador, ainda é para crédito de Filópono que tal unificação tenha sido tentada. Vemos aqui um pensamento herdeiro de Arquimedes que é a semente da tradição científica que viria florescer por muitos séculos.

No contexto do período inicial da expansão árabe para fora da Península Arábica, finalmente é atacada e destruída a cidade de Alexandria e sua Biblioteca, até então centro cultural e intelectual do mundo, em 646 a.D. (só o Alcorão era indispensável para os conquistadores muçulmanos desse período). A expansão do Islã ia, por outro lado, fazer florescer outros centros culturais, tais como Basra, Bagdá e Córdoba, como veremos no próximo Capítulo. Cabe mencionar finalmente que a Biblioteca já tinha sido danificada antes, por exemplo, no incêndio provocado pelo exército de Júlio César no ano 48 a.C. Outros eventos violentos se sucederam, e dois séculos antes da destruição total foi assassinada a matemática e filósofa Hipátia de Alexandria em 415 a.D., em um dos inúmeros conflitos entre a emergente Cristandade e o "velho" Helenismo da qual ela era herdeira e representante. Hipátia deve ter sido uma figura notável, pois sendo filha do Téon, o diretor da Biblioteca de Alexandria, é uma das poucas figuras femininas que parece ter gozado de respeito e admiração, com uma obra que incluía a invenção de instrumentos de navegação, estudo das seções cônicas e outros assuntos vários. O episódio do seu assassinato pela massa é descrito em detalhes em [Kramer 2010], mas não nos referiremos a ele aqui.

Figura 1.29. O aspecto real de Hipátia não é conhecido. Este fresco é proveniente da mesma época, do norte do Egito, e sua figura já foi associada com Hipátia, de quem não sobrou estátua ou representação original alguma.

Com a destruição da Biblioteca perde-se definitivamente o elo do pensamento filosófico-científico greco-romano que marcou toda uma era e que constitui uma das pilastras do pensamento ocidental começa a decair, e em seu lugar surge um outro tipo de pensamento: o filosófico-religioso, de extração principal judaico-cristã, também conhecido como a segunda pilastra.

Em outras palavras, com o tempo, o declínio da Grécia Helenística, e a ascensão do Império Romano e do Cristianismo ocorre uma profunda divisão na história do pensamento. Assim houve uma *mudança no foco* de pensamento sobre o Universo e a matéria para questões de natureza mais metafísica e sobre tudo teológica. Isso não quer dizer que nada de Ciência foi produzido nos anos subseqüentes ao sumiço da Biblioteca, apenas significa que a proficuidade da produção grega havia sido grande o bastante para que aplicações e explorações dela atendessem as necessidades sócio-econômicas e culturais que passaram a ter vigência, mas o Helenismo declinou perante as novas circunstâncias no mundo Ocidental.

Esse pensamento filosófico-religioso, que inicialmente se vale da metafísica neoplatônica e em segundo momento da metafísica aristotélica, predominará por toda a Idade Média ocidental. As principais características desse pensamento são: a Filosofia passa a ser uma serva da Teologia, em evidente hierarquia da *fé* sobre a *razão*. São nesse período raros os pensadores com um perfil filosófico-científico, interessados pela Natureza sem passar pela Religião.

Nessa passagem do período Helenístico para a Idade Média, costuma-se destacar a emergência da *Patrística*, que procurava aproximar a Filosofia à nova Teologia cristã. Os pensadores cristãos envolvidos nesta corrente são vários, entre eles Tertuliano, Ambrosio, Orígenes e Jerônimo, mas é a obra de Santo Agostinho de Hipona (354-430 a.D.) que teve um papel central (e bastante negativo segundo nossos padrões) neste período de declínio da *physis* e da emergência do novo paradigma, no que diz respeito ao conhecimento do mundo natural [Russell 2001].

O modelo geocêntrico de Ptolomeu

Cláudio Ptolomeu (c. 100- c. 170 d.C.) foi um matemático e astrônomo de Alexandria e autor do livro hoje conhecido por seu título árabe, o *Almagesto* (ou o Composição Matemática), onde propôs o modelo geocêntrico do Universo que ainda era dominante na época de Copérnico, mais de um milênio mais tarde. Embora Ptolomeu não tenha sido o primeiro propositor do geocentrismo, ele foi o responsável por torná-lo um modelo preciso e preditivo, que respeitasse as observações já existentes do astrônomo grego Hiparco (c. 190 - c. 120 a.C.).

Figura 1.30. Cláudio Ptolomeu e seu complexo modelo geocêntrico.

Como princípio, o modelo ptolemaico coloca a Terra no centro do Universo, com o Sol, a Lua e os planetas visíveis a olho nu (Mercúrio, Vênus, Marte, Júpiter e Saturno) em órbitas em torno dela. Não muito além de Saturno se postulava uma esfera fixa, onde todas as estrelas descansavam, Ptolomeu introduziu inovações para explicar dois aspectos do movimento dos planetas que somente órbitas circulares não eram suficientes para explicar,

- o *movimento retrógrado*, no qual os planetas periodicamente invertem o sentido de seu movimento, e

- a *variação* da velocidade dos planetas no céu de acordo com a distância da Terra (quando mais próximo, mais brilhante e mais rápido).

Tais irregularidades em relação ao modelo simples de órbitas circulares com a Terra no centro do Universo já eram conhecidas na época de Hiparco, que propôs que a Terra estivesse ligeiramente deslocada do centro do Universo, de forma que as órbitas das estrelas, da Lua e do Sol fossem algo excêntricas – ou seja, as distâncias entre esses astros e a Terra variaria ao longo do ano. Por meio dessa alteração ao modelo geocêntrico mais simples, Hiparco explicou a variação do brilho dos planetas – quanto mais distantes as estrelas, mais brilhantes eles pareceriam – e a diferença entre o comprimento de cada estação – relacionada à variação da distância até o Sol.

A obra de Ptolomeu, partindo do modelo de Hiparco, conseguiu "salvar as aparências" acrescentando duas modificações às órbitas, e seu sucesso foi tal que um milênio depois continuava sendo o padrão. Veremos no Capítulo 3 estas melhoras, e como foram um empecilho para o modelo heliocêntrico de Copérnico que emergia.

Agostinho de Hipona

Enquanto as Ciências floresciam no Mediterrâneo egípcio e grego, o Cristianismo emergente também contou com figuras de peso que viriam ter importância no processo todo. Considerado o nome fundamental para a fusão do neoplatonismo com a Filosofia Cristã, Agostinho foi um pensador e escritor prolífico que colocou Deus como fim de todo, e o conhecimento em função da felicidade e deste fim supremo. Sem negar a importância do pensamento pagão, ele o cooptou para servir à Fé. Mas, seguramente antevendo problemas futuros, também recomendou a *interpretação metafórica* das Escrituras nos casos onde colidissem com o conhecimento natural. O chamado "último da Patrística" fecha a porta para a independência da Razão, posto que esta seria subordinada à Fé, e a Filosofia era acatada como uma serva da Teologia, embora seguramente convencido que esta situação não poderia ser eterna.

Utilizando-se da metafísica platônica, Agostinho nos apresenta um quadro bastante semelhante àquele depois apresentado por Tomás de Aquino na Escolástica, Um *Mundo fenomenológico*, apreendido através dos sentidos, físico, mutável, individual, onde reina a *doxa* (opinião) e o mal, posto pelo homem; e um *Mundo inteligível*, acessível através da razão, metafísico, imutável, universal, onde reina a *episteme* (conhecimento) e, o bem, posto por Deus. As estruturas são exatamente as mesmas. Acrescenta-se apenas a noção de bem e de Deus, no mundo das Ideias e a metafísica cristã está pronta e fundamentada [https://www.bbc.com/portuguese/geral-62677992].

Ambos os pensadores também apresentam uma *hierarquia* das Leis:

Patrística	Escolástica
Leis Divinas (só acessíveis à Deus)	Leis Divinas (só acessíveis à Deus)
Leis Naturais (reflexo das Divinas e acessíveis através da razão)	Leis Naturais (reflexo das Divinas e acessíveis pela razão)
Nihil	Leis Reveladas (Na Bíblia)
Leis Humanas (que não podem quebrar a hierarquia acima)	Leis Humanas (que não podem quebrar a hierarquia acima)

Figura 1.31. Santo Agostinho de Hipona

Se nos concentrarmos na Filosofia latina Ocidental, parece que a teoria do atomismo é discutida pelos filósofos da Patrística e da emergente Escolástica apenas para ser criticada e refutada, e o melhor exemplo disso é o poema de Lucrécio que foi copiado e criticado em muitas obras. O mesmo ocorreu com a doutrina de Epicuro. Assim, por um longo período, os antigos atomistas não foram discutidos por suas teorias da matéria como tal, mas sim pelas consequências teológicas de seus pontos de vista, como descrito anteriormente. A *physis* grega realmente ficou preterida perante a Teologia de forma ostensiva.

Mas ainda assim a ideia extrema de um *eclipse total* do atomismo na Filosofia e na Teologia defendida pelos historiadores dos séculos XIX e XX parece derivar da constatação das reações violentas dos Padres da Igreja. Os repetidos ataques de Lactantius, especialmente em sua *De ira Dei* é um bom exemplo de combate ao atomismo, e de fato a *todo* o conhecimento pagão antigo. A rigor os atomistas *não foram contestados por suas teorias da matéria*, mas sim pelas consequências teológicas destas, tais como a negação da Divina Providência, a impassibilidade de Deus e a eternidade do mundo, ou seja, razões que pouco têm a ver com o atomismo como descrição da Natureza.

Figura 1.32. Ilustração de *De mortibus persecutorum*, primeira obra de Lactantius combatendo duramente heresias e heterodoxias

Em suma, foram mil anos de pensamento filosófico-científico dominado de repente por pensamento teológico-religioso. Porém, lembramos que o pensamento filosófico-científico encontrava plena liberdade onde o Cristianismo não imperava. Assim, as rodas do conhecimento continuaram girando e analisando o Universo.

Referências ao Capítulo 1

1. J. Burnet, *A aurora da Filosofia Grega*. (Ed. Contraponto, 2007)

2. S. Sambursky. *The Physical World of the Greeks*. (Routledge, NY, 1956)

3. D. Lindberg *opus citatum*. Cap. Introdução (2007)

4. A. Kandus, F.W. Gutmann e C.M.C. de Castilho. *A física das oscilações mecânicas em instrumentos musicais: exemplo do berimbau.* RBEF 28 (2006)

5. J.E. Horvath et al. *Cosmologia Física*. (Ed. Livraria da Física, SP, 2006)

6. J.E. Horvath, R. Rosas Fernandes e T. Idiart. *On the ontological ambiguity of physics facing reality*. Astronomische Nachrichten 344, 1 (2023)

7. L. Paulucci, P.H.R.S. Moraes e J.E. Horvath. *A Cosmologia na sala de aula.* (Ed. Livraria da Física, SP 2022)

8. V.A. Alfieri. *Gli Atomisti* (Facsimiles-Garl, UK, 1987)

9. C.C.W. Taylor. *Socrates: A very short introduction*. (Oxford University Press, USA, 2019)

10. A.N. Whitehead. *A ciência e o mundo moderno*. (Paulus, SP, 2006)

11. D. MacIntosh. *Plato: A theory of forms*. Philosophy Now **90**, 6-7 (2012)

12. Plato. *Timaeus* (Creative Media Partners, LLC, USA, 2019).

13. R.P. Hardie e R.K. Gaye. *Aristotle's Physics.* J. Barnes (ed.), Complete Works of Aristotle V.1: The Revised Oxford Translation. (Princeton University Press, NJ, 1984)

14. G. Reale, *The concept of first philosophy and the unity of the Metaphysics of Aristotle* (SUNY Press, NY, 1980)

15. S. Sambursky. *Physics of the Stoics*. (Princeton University Press, NJ, 1988)

16. J.B. Gould. *The Stoic Conception of Fate*. Journal of the History of Ideas **35**, 17 (1974)

17. K. Marx. *Diferença entre a Filosofia da Natureza de Demócrito e a de Epicuro.* (Editora Bom Tempo, São Paulo, 2018).

18. T.C. Lucretius. *De rerum natura.* Ed. C.Bailey (Clarendon Press, UK, 1922)

19. M.J. Agustin, *Weight in Greek Atomism*, Philosophia **45**, 76 (2015)

20. B. Russell, *História do Pensamento Ocidental* (Ediouro, RJ, 2001)

21. A. Bilhete. *Scientific Advancements in the Hellenistic Period: Divergence from Philosophy*, Royal Patronage, and the Emergence of Applied Science (Mc Gill, 2014) https://www.mcgill.ca/classics/files/classics/2014-15-02.pdf

22. D. E. Joyce. *Euclid's Elements: Introduction* (1998) http://aleph0.clarku.edu/~djoyce/java/elements/elements.html

23. B. West. *Eratosthenes Measurement of the Radius and Circumference of the Earth* (2017) https://www.projectglobalawakening.com/eratosthenes-circumference-of-the-earth/

24. *The Archimedes Palimpsest* (2023) http://archimedespalimpsest.org/about/history/archimedes.php

25. J.J. Mark. *Aristarchus of Samos* (2022) https://www.worldhistory.org/Aristarchus_of_Samos/

26. R.A. Horne. *Atomism in Ancient Greece and India.* Ambix **8** (1960) https://doi.org/10.1179/amb.1960.8.2.98

27. D. Teresi. *Descobertas Perdidas.* (Companhia das Letras SP 2008);

28. F. Caruso e V. Oguri. *Física Moderna: origens clássicas e fundamentos quânticos* (Ed. Campus, 2006)

29. C. Kramer. *Holy Murder: The Death of Hypatia of Alexandria* (Infinity Publishing, USA, 2010)

Capítulo 2

A Idade Média

> *"Consequentemente, aqueles que desejem atingir a perfeição humana, devem estudar primeiro a Lógica, a seguir, os vários ramos da Matemática na órdem própria, depois a Física e por último a Metafísica"*
> Maimônides, *circa* 1200 a.D.

Por séculos após a definição de "Idade Média", conceito creditado a Francesco Petrarca e com registro escrito pela primeira vez em 1469, a História confinou o período entre os séculos V e XV à categoria de limbo fechado, sem inovações importantes e sujeito a todo tipo de repressão e clausura (daí a expressão alternativa de "Idade das Trevas"). Mas, progressivamente, os historiadores começaram a reconhecer uma série de eventos e movimentos, inicialmente soterrados, que fizeram da Idade Média uma espécie de laboratório filosófico, matemático e científico único [Cantor 1993]. Percorreremos neste Capítulo o que consideramos mais importante para a construção da imagem do mundo físico que ocorreu ao longo destes 10 séculos.

A Alta Idade Média (séculos V ao X)

Um fato fundamental durante a Alta Idade Média, com consequências muito importantes para todo o pensamento científico Ocidental, foi a emergência do Islã no mundo. Como já observamos, o incêndio definitivo e destruição da Biblioteca de Alexandria marcaram o fim do pensamento grego que dominava a Filosofia natural. A ordem de destruir tudo o que era oposto ou desnecessário ao Alcorão durante a invasão árabe do ano 642 d.C. foi creditada ao Califa Omar, mas é possível que esta atribuição tenha sido errônea e proposital. O fato é que os mais de 400.000 papiros existentes (o número é conservador, podem ter sido muitos mais de acordo com algumas estimativas) foram queimados, e existem provas de que muitas obras originais de importância foram perdidas para sempre.

Embora os primeiros centros de estudo e documentação árabe sejam Bagdá e Basra, a expansão do Islam e em especial o desenvolvimento de Al-Andalus na Baixa Idade Média foram cruciais para recuperar o conhecimento clássico, principalmente recolhido dos antigos territórios de Bizâncio, e traduzir os clássicos que haviam praticamente sumido do Ocidente. Além disso, e apesar da opinião negativa do Pierre Duhem, que descartou contribuições originais dos pensadores árabes [Ragep 1990], houve sim inovação e questionamento científico ao longo de séculos, além da adoção do aristotelismo e platonismo às vezes em grau extremo por parte daqueles.

Dentro deste panorama incerto e combalido, existem alguns nomes importantes, nem tanto na renovação e aprofundamento do conhecimento natural, mas na *recoleção* e *reorganização* do legado cultural da Antiguidade. O período dos 2-3 séculos posteriores à queda do Império Romano do Ocidente foram muito conturbados e perigosos, e não se pode subestimar o valor cultural desta recoleção.

Isidoro de Sevilha

Um destes nomes dedicados à conservação e síntese é o de Isidoro de Sevilha (c. 560-636), arcebispo da cidade e chamado «o último dos estudiosos antigos", já que seu pensamento se assemelha mais ao das épocas prévias. Isidoro escreveu várias obras, uma delas (*Etimologias*) de grande repercussão na Idade Média [Kovács 2008]. *Etimologias* é, na verdade, uma grande enciclopédia em 20 volumes onde praticamente todo o conhecimento da época é abordado. Para nossos propósitos, porém, sua obra mais importante é *De Natura Rerum*, escrita em 610 d.C. . Observa-se nesta abordagem da Filosofia natural uma clara separação da Teologia, embora a religiosidade do autor e a própria época não deixem de impedir um corte completo. Isidoro jamais viu nenhuma tensão entre Filosofia natural e Religião, e faz um esforço notável em prescindir de explicações milagrosas ou causas sobrenaturais. Sua abordagem da escatologia, ou o Fim dos Tempos, o levou a sugerir um cenário que tem muito a ver com o chamado *Princípio Antrópico* que veremos ser formulado no século XX (Capítulo 5). Sua influência real na Filosofia natural subsequente, e em especial na separação definitiva da Teologia, não foi até agora suficientemente estudada.

O Venerável Beda

Nas ilhas britânicas, uma tarefa similar de recompilação foi executada pelo monge inglês Beda (c. 673 - 735), conhecido também como o *Venerável Beda* , que viveu nos mosteiros de São Pedro, em Monkwearmouth, e São Paulo, na moderna Jarrow, situada no nordeste da Inglaterra (uma região que, na época, era parte do Reino da Nortúmbria). Beda é conhecido principalmente por sua obra-prima, a *História Eclesiástica do Povo Inglês*, um trabalho que lhe rendeu o título de "Pai da História Inglesa". Mas para nossa análise Beda é notório pelo seu rigor técnico na escrita e por sua obra *De temporum ratione*, onde aborda a questão do cálculo das datas, incluindo uma explicação detalhada de como a esfericidade da Terra influencia a duração dos dias. Beda retomou a questão da natureza do mundo em obra homônima a do Isidoro de Sevilha (*De Natura Rerum*), mas sem conseguir grandes avanços.

João Escoto Erígena

Embora essa passagem desde o período romano-helenístico até a Idade Média tenha sido muito longa e conturbada, com o decorrer da História a situação política e social foi se assentando e houve uma retomada gradual da criação filosófica e científica. O nome do João Escoto Erígena (c. 800-877) (também conhecido como *Escoto de Erígena*), um filósofo, teólogo e tradutor irlandês da corte de Carlos, o Calvo, aparece como o expoente máximo do renascimento carolíngio no século IX. Erígena concentrou seus estudos nas relações entre a filosofia grega e os princípios do cristianismo. Concebeu a Natureza sob quatro categorias cujo ponto de partida era Deus e cujo final era também Deus, portanto, era como um círculo que parte do Supremo e volta para ele. Sua obra *De Divisione Naturae* é, na verdade, uma síntese teológica dos 15 séculos anteriores, com muitos elementos de Santo Agostinho e aspecto neoplatônico.

Atomismo e Movimento na Idade Média

Ao contrário do que foi alguma vez sugerido, as ideias atomistas nunca deixaram de existir no decorrer da Idade Média [Robert 2011]. Enfocaremos aqui brevemente três correntes de pensamento: a árabe, a judaica e a latina ocidental que elaboraram críticas e noções interessantes a respeito do atomismo. Recentemente foram redescobertas as teorias atomistas sobre a origem da matéria e o tempo na própria Filosofia árabe, especificamente entre os séculos IX ao XII. A principal disputa na Filosofia natural árabe medieval opôs o *hilomorfismo* (isto é, que o mundo é composto de matéria *e* forma) ao atomismo (uma ontologia que aceita apenas átomos e propriedades e dispensa as formas).

Os primeiros atomistas árabes parecem ser os teólogos Abū-al-Hudhayl e al-Nazzām (século IX). O mais veemente *crítico* do atomismo na tradição árabe foi Abū-sufYa'qūb ibn Ishāq al-Kindī, também no século IX. Estes pensadores foram sucedidos por importantes nomes que influenciaram todo o mundo árabe, mas também o Ocidente, como veremos a seguir.

Figura 2.1 Intelectuais árabes discutem vários aspectos do mundo físico nesta representação do século X.

Avicena

Abū ʿAlī al-Ḥusayn ibn ʿAbd Allāh ibn al-Ḥasan ibn ʿAlī ibn Sīnā (ca. 980 - 1037), conhecido como Ibn Sīnā ou por seu nome latinizado *Avicena*, foi um polímata persa que escreveu tratados sobre um variado conjunto de assuntos, dos quais aproximadamente 240 chegaram aos nossos dias. Em particular, 150 destes tratados se concentram em Filosofia e 40 em Medicina. As suas obras mais famosas, abordando a Medicina de acordo com os princípios de Galeno e Hipócrates, foram utilizadas em muitas universidades medievais, entre elas as Universidades de Montpellier e Leuven, até pelo menos em 1650. Suas demais obras incluem ainda escritos sobre Filosofia, Astronomia, Alquimia, Geografia, Teologia Islâmica, Lógica, Matemática, Física, além de poesia [Sabra 1980]. Avicena é considerado o mais famoso e influente polímata da Era de Ouro Islâmica. Escreveu extensivamente sobre a Filosofia islâmica primitiva, especialmente nos temas de Lógica, Ética e Metafísica. A maior parte de suas obras foram escritas em árabe, que era a linguagem científica *de facto* na época no Oriente Médio, e algumas em persa. Na Idade de ouro islâmica, por causa do sucesso de Avicena em reconciliar o neoplatonismo e o aristotelianismo juntamente com o *kalām* (teologia islâmica), o "avicenismo" se tornou a principal escola de Filosofia islâmica a partir do século XII, com Avicena assumindo um papel de autoridade maior no assunto. O "avicenismo" também teve influência na Europa medieval, particularmente as suas doutrinas sobre a alma e a distinção entre existência-essência (tema eminentemente metafísico com ressonâncias amplas), principalmente por causa dos debates e tentativas de censura que elas provocaram na Europa escolástica. Essa situação foi particularmente visível em Paris, onde o "avicenismo" foi finalmente proscrito em 1210. Mesmo assim, a sua psicologia e a sua teoria do conhecimento influenciaram William de Auvergne e Alberto Magno, enquanto que a sua Metafísica teve impacto comprovável no pensamento de Tomás de Aquino.

Figura 2.2. Avicena (Ibn Sīna)

Uma contribuição marcante de Avicena para as Ciências Naturais, contudo, foi a continuação do trabalho do ímpeto herdado de João Filópono. Embora a história da transmissão do trabalho de Filópono para o mundo árabe seja incerta, é bem conhecido o trabalho de Avicena a respeito da teoria de movimento baseada na noção de *mayl*, ou *inclinação*, um termo traduzido para o grego *rhopê*, nome também usado for Filópono para o *dunamis* (ímpeto). De modo similar à descrição de Filópono do projétil arremessado para cima, Avicena fala em um *mayl* natural, responsável pela queda da pedra, e um *mayl* forçado, impresso pelo agente e responsável pela ascenção [Sayili 1987]. O *mayl* natural de Avicena representa a inclinação de um objeto de trazer a si mesmo a seu "lugar natural" quando retirado dele, assim como o *dunamis* natural de Filópono.

De forma mais precisa, Avicena define o *mayl* como uma medida da *resistência* de um corpo a ter seu movimento impedido. Para um dado movimento, Avicena afirma que o *mayl* é proporcional ao impulso inicial e à resistência ao movimento, e que corpos com maior *mayl* são mais pesados e menos suscetíveis a atingir altas velocidades.

Avicena ainda apresenta alguma reticência em relação à proporcionalidade do *mayl* com a massa do corpo, observando que às vezes um corpo mais pesado pode ser mais suscetível ao movimento que um corpo muito leve, como uma "semente de mostarda". Ele sugere que isso pode se dever à ineficiência da transmissão da força motora do agente a projéteis pequenos, mas aparentemente sem forte convicção.

O *mayl* de Avicena conta ainda com uma distinção importante em relação ao *dunamis*: o *mayl* forçado é *conservado*, ao contrário do *dunamis* forçado. Enquanto este é consumido mesmo no vácuo, o *mayl* forçado só pode ser perdido devido a agentes *externos*, como um meio que resiste ao movimento, de forma que o movimento num vácuo seria eterno. Ao estabelecê-lo como uma quantidade conservada e ponderar sua proporcionalidade à massa, Avicena traz o conceito para ainda mais perto daquilo que hoje chamamos de *momento*. Estes desenvolvimentos e seus comentários sobre a *Física* de Aristóteles parecem ter influenciado as idéias de uma série de teóricos árabes.

O atomismo na Idade Média

No entanto, no que diz respeito à natureza da matéria na corrente da Filosofia latina Ocidental, o atomismo nunca deixou de existir, mesmo durante toda a Idade Média. O átomo de Leucipo e de Demócrito, recuperado por Epicuro, não ficou de todo esquecido entre os séculos II a.C. e V. a.D., no período romano-helenístico. Filósofos como Cícero (106 a.C.– 43 a.C.) e os neoplatônicos Plutarco (46 – 120) e Simplício (490 – 560), estes responsáveis pela reintrodução da filosofia grega no mundo romano, também se ocuparam da questão dos átomos e a constituição da matéria, posteriormente retomada em diversos graus por Lactantius, São Jerônimo, Santo Ambrósio e Santo Agostinho. Sabe-se que o poema de Lucrécio intitulado *De Rerum Natura* foi copiado e discutido ao longo de toda a Idade Média sem interrupção alguma, desde a era dos Padres da Igreja até o século XII.

A Idade de Ouro da Ciência na Índia

Embora nosso objetivo seja o de oferecer um esquema abrangente da Ciência tal como se desenvolveu no Ocidente, as contribuições do Oriente são tão relevantes e marcantes que vale a pena, sequer de forma somera, mencionar e contextualizar sua presença. Nos referimos principalmente ao mundo Islâmico e à Índia, como descrito a seguir.

O período compreendido aproximadamente entre 300 e 600 a.D., coincidente com a Alta Idade Média no Ocidente, é considerado a *Era de Ouro* da civilização e cultura na Índia, período em que grande parte do subcontinente indiano esteve sob domínio da dinastia Gupta (320 – 550) e reinos pós–Guptas, formados após a destruição dessa dinastia pelos hunos brancos (parentes dos hunos que invadiram o Império Romano) (https://plato.stanford.edu/entries/naturalism-india/).

Neste período houveram muitas traduções de textos científicos gregos, o que levou a um grande florescimento da Astronomia e Matemática. Vale lembrar que, após as conquistas de Alexandre, o Grande (356 – 323 a.C.), houve grande influência da cultura helenística na Índia, existindo até reinos gregos na Bactriana (atual Afeganistão) e o Vale do Indo (atual Paquistão).

Os maiores nomes da Matemática e Astronomia deste período foram Aryabhata, Bhaskara I (o da fórmula do colégio é o Bhaskara II) e Brahmagupta, e o seu grande legado foi a invenção do sistema numérico decimal, incluindo o conceito do *zero*. O estilo predominante desse período eram os *siddhantas*, tratados sobre Astronomia e Matemática escritos na forma poética de hinos.

Figura 2.3. O matemático Bhāskara I

Aryabhata (476-550), nascido na região de Kerala, foi um dos grandes matemáticos e astrônomos do período. Seu único tratado que sobreviveu até hoje foi o Āryabhaṭīya, escrito em sânscrito por volta de 499. O tratado sintetiza a Matemática hindu conhecida na época, incluindo Astronomia, Aritmética, Álgebra e Trigonometria esférica e plana.

A Idade Média

Figura 2.4 O Império Gupta em ~450 a.D, estendido por boa parte da Índia atual e vizinhanças.

Entre as contribuições de Aryabhata à Matemática estão:

- A aproximação racional de $\pi = \dfrac{62832}{20000} = 3{,}1416$

- A construção da primeira tabela de senos (*jya*, corda) e a definição do cosseno (*kojya*)

- A resolução de equações quadráticas e cúbicas

Figura 2.5. Estátua de Aryabhata no atual Instituto IUCAA em Pune

Na Astronomia, propôs que a rotação aparente do céu se deve à rotação axial da Terra, inclusive calculando a velocidade angular em 1 minuto de arco por *prana* (0,25 minuto de arco por segundo) numa abordagem geocêntrica. Aprimorou as estimativas de Eratóstenes da circunferência da Terra, e estabeleceu o raio das órbitas planetárias em termos do raio da órbita Terra - Sol.

Ele também percebeu que a Lua e os planetas *refletiam a luz sola*r, e explicou os eclipses solar e lunar em termos de sombras projetadas, contrariando a explicação védica de que eram causados por corpos ocultos, chamados *Rahu* e *Ketu*.

Figura 2.6. Brhamagupta e suas contribuições para o conhecimento astronômico.

Brahmagupta (598 – 670), é junto com Aryabhata, o maior dos astrônomos-matemáticos da Índia clássica. Seu trabalho seminal é o *Brahmasphutasiddhanta* do ano 628. Foi diretor do observatório de Ujjain, maior centro matemático da antiga Índia.

Figura 2.7. Brahmagupta, cientista indiano do século VII

Na Astronomia, sua obra engloba tópicos como métodos para calcular a posição instantânea dos planetas, equações para a paralaxe e computação dos eclipses lunares e solares. Na Matemática, realizou diversas contribuições na Geometria e Aritmética, no qual vale mencionar a solução geral da equação quadrática e as regras para soma, subtração e multiplicação do zero. No entanto, não conseguiu conceituar a divisão, que só foi estabelecida por Bhaskāra II no século XII.

Certamente, o maior legado da matemática indiana deste período foi a invenção do sistema numérico decimal e do conceito de zero [du Sautoy 2019]. O manuscrito Bakhshali, de autoria desconhecida e datando dos primeiros séculos da era comum, contém uma representação primitiva do sistema decimal, incluindo o *zero* (ponto à direita).

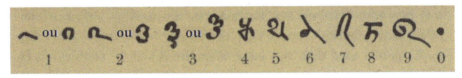

Figura 2.8 Manuscrito Bakhshali com uma representação primitiva do sistema decimal.

O zero já era conhecido dos babilônios, no entanto, apenas para designar espaço entre algarismos, p.ex., o número 101, mas não como um número em si próprio. Os maias da Mesoamérica também desenvolveram uma representação para o zero, escrito como uma concha (Figura 2.9), mas que só ficou conhecida na Europa depois do século XVI.

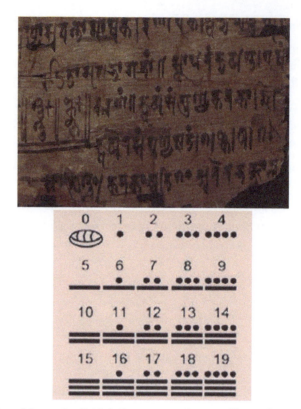

Figura 2.9 Acima: Manuscrito Bakhshali com o uso do zero. Abaixo: Sistema de numeração maia.

Somente na Índia é que o zero (*sunya*, que significa "nada" ou "vazio") foi elevado ao conceito de um número por si próprio. Este passo conceitualmente fundamental permitiu a Matemática que hoje conhecemos.

A Idade Média

Figura 2.10 A representação entalhada mais antiga do zero está no Templo de Gwalior (no número "270" da imagem). A origem do símbolo é incerta. Uns acreditam que representa o conceito de morte e renascimento, típico da cosmogonia hindu. Outros acreditam que seria do círculo vazio deixado no chão ao fazer subtrações, já que as contas eram feitas usando pedras.

Da Índia, o zero passou para os Árabes (*Sifr*), por meio dos quais chegou na Europa por volta do século XII, se tornando *zephirum* na Itália. Na Alemanha se tornou *cifra* e no inglês *cipher*. A aceitação completa do zero na Europa demorou, e só se completou no século XVI.

A padronização do sistema numérico Indo-Arábico se deu graças ao matemático persa *Al-Khwarizmi* (780-850) que trabalhou na *casa da sabedoria* em Bagdá sobre patrocínio do Califa Abássida *Al Mamun* (813-833). De seu nome que vem a palavra *algarismo* e *algoritmo*, e de seu tratado "*Al-Jabr w'al--Muqabala*" (Livro da Restauração e Balanceamento) que vem a palavra álgebra. Quatro séculos mais tarde, o matemático e comerciante italiano Leonardo Fibonacci de Pisa (1170 - 1250) estudou a Matemática árabe e escreveu o "*Liber Abaci*" (Livro do Cálculo), em que introduzos algarismo Indo-Arábicos na Europa.

Figura 2.1. Acima: Al-Khwarizmi. Abaixo: Fibonacci.

Graças ao conceito do zero criado na Índia, e introduzido na Europa a partir dos árabes, é que podemos estimar numericamente a imensidão do espaço e do tempo. Lembremos o recurso das potências de 10, que podem capturar o infinitamente grande e o infinitamente pequeno.

Figura 2.12. O caminho do "zero" desde a Índia até nós, através dos árabes.

A Baixa Idade Média (séculos X ao XV)

A fragmentação e a dificuldade na propagação da informação na Idade Média não promovia desenvolvimentos científicos. Muitos dos estudos se estabeleceram de forma oculta e com divulgação restrita. Com isso, muito do que foi produzido pode ter desaparecido. A Alquimia, por exemplo, proporcionou uma série de estudos que a consagrou como uma pré-ciência, cujos resultados favoreceram o desenvolvimento posterior da Química. Apesar das dificuldades da época podemos citar nomes como o de Pedro Abelardo, Adelardo de Bath, Averroes, Maimônides, Albertus Magnus, Escoto Erígena, Robert Grosseteste, Roger Bacon, Nicolau d'Oresme, William de Ockham e Jean de Buridan, entre outros, com clara orientação matemático-experimental, e outros menos conhecidos como Pierre de Maricourt e Alexander Neckham que se destacaram no período, sem esquecermos de Santo Tomás de Aquino. Na nossa visão, a Idade Média "científica" chega ao seu fim com a obra de Nicolau de Cusa (quase simultânea à queda de Constantinopla), que dá passagem para novas formas de pensamento e uma atitude científica decidida.

Houveram muitas idas e vindas na ideia da constituição da matéria. Por exemplo, no século XII, John de Salisbury (discípulo de Guilherme de Conches) tentou refutar o epicurismo, mas encontramos uma defesa de Lucrécio e dos epicureos nas obras do próprio Guilherme de Conches, notavelmente em seu *Dragmaticon Philosophiae*, (vide abaixo) onde ele cita passagens inteiras da obra *De Rerum Natura*. Após o século XIII, as principais fontes e reflexões sobre os átomos retornam ao pensamento de Demócrito, em oposição aos então recém-redescobertos e traduzidos textos de Aristóteles que foram uma grande contribuição dos pensadores árabes, devolvidos assim ao mundo Cristão.

Por outra via, Lynn Thorndike chama a atenção para a existência de práticas obscurantistas, mágicas e experimentos, ligados à conhecimentos ocultos – ou ainda desconhecidos – e também da sua reelaboração e amadurecimento posterior [Thorndike 2000].

Figura 2.13. Para Eliade [1983], os desenvolvimentos "tecnológicos" levaram à Química moderna

Nesse mesmo sentido, deve ser também salientada a obra de Mircea Eliade, intitulada *Herreros y Alquimistas* [Eliade 1983], na qual aponta o fazer dos mineiros, dos metalúrgicos e dos forjadores que trabalhavam com ligas metálicas, utilizando técnicas que se valiam das interações químicas empíricas entre metais, em meio ao misticismo dos alquimistas. Enquanto a Alquimia, como atividade intelectual, serviu como princípio para a moderna Ciência da Química, temos nesse caso um exemplo de aplicação *tecnológica* (metalurgia), servindo também como estímulo para o desenvolvimento geral da Ciência, a princípio independente das ideias mais fantasiosas dos alquimistas. Como vimos na Introdução, uma distinção é feita entre Ciência e Tecnologia, mas isso não impede um campo de atuar como indutor de inovações no outro.

Faremos agora uma revisão de uma série de pensadores medievais de importância para vários aspectos do pensamento científico em desenvolvimento.

Pedro Abelardo

Pedro Abelardo (1079 – 1142) foi um filósofo escolástico, teólogo e lógico francês. É considerado um dos mais importantes e ousados pensadores do século XII. Na Filosofia ocupa uma posição importante por ter formulado o *conceitualismo*, posição que não pertence, propriamente, nem ao idealismo, nem ao materialismo. Pedro Abelardo identificava o real com o particular, e considerava os universais como o *sentido* das palavras (*nominum significatio*), rejeitando assim o nominalismo ortodoxo. Dessa forma, o significado dos nomes permitiria esclarecer os conceitos, de forma a emancipar a Lógica da Metafísica, tornando-a uma disciplina autônoma.

Alberto Magno

Alberto Magno (1192 – 1280), conhecido também como Alberto de Colônia, foi um filósofo, escritor, e teólogo católico venerado como santo. Era um frade dominicano alemão e bispo. Ainda em vida era conhecido como *Doctor Universalis* e *Doctor Expertus* e, já idoso, ganhou o epíteto *Magnus* («o Grande»). Estudiosos do porte de James A. Weisheipl e Joachim R. Söder defendem que Alberto foi o maior filósofo e teólogo alemão da Idade Média. Ele foi o primeiro a comentar sobre praticamente todas as obras de Aristóteles, tornando-as acessíveis para o debate acadêmico mais amplo. O estudo de Aristóteles levou-o a conhecer e comentar também sobre os ensinamentos dos muçulmanos, principalmente Avicena e Averróis, especialmente em relação à Metafísica, o que o colocou no centro do debate acadêmico. Alberto compreendia e se interessava por muitos aspectos do mundo natural, como a Física e a Matemática.

Adelardo de Bath

Adelardo de Bath (1080 – 1152) foi um importante filósofo escolástico inglês, nem tanto pela sua produção própria, mas pela tradução e difusão das obras dos pensadores árabes e o olhar renovado da Ciência no Mundo Antigo. Adelardo mantinha uma atitude de desconfiança na autoridade, e defendia a autonomia da Razão, sem nunca aceitar que esta estivesse em conflito com a Fé. Seu apoio ao atomismo ficou registrado, embora nunca tenha rompido realmente com a doutrina dos quatro elementos aristotélica. Existem dois trabalhos atribuídos a Adelardo que o mostram também interessado no mundo físico e sua medida: um a respeito do astrolábio e outro em que aborda o ábaco oriental. Poderíamos dizer que Adelardo é um elo importante entre Oriente e Ocidente, tal como transparece na sua maior obra *Questões Naturais*, onde expõe sistematicamente os desenvolvimento árabes.

Guilherme de Conches

Os caminhos pelos quais a filosofia atomista passou foram tortuosos. No século XII a encontramos nas obras do filósofo escolástico francês Guilherme de Conches (1100 – 1154), notadamente em seu *Dragmaticon philosophiae*, que contém passagens inteiras do *De Rerum Natura* de Lucrécio, como já apontamos. Encontra-se em Guilherme uma incipiente inclinação para o estudo aprofundado das Ciências naturais, incluindo um tipo de atomismo misturado ainda com a doutrina clássica dos quatro elementos, no sentido de postular que estes últimos resultam de combinações de átomos. Também seus comentários ao *Timeu* de Platão foram muito bem recebidos e ficaram amplamente conhecidos. Porém, seus ensinamentos em Chartres, e mesmo a autenticidade de algumas das suas obras é questionada por alguns historiadores. Por esses motivos, é mais conveniente abordar Guilherme dentro do movimento intelectual anglo-francês conhecido como a *Escola de Chartres* e que inclui a Bernard de Chartres, John de Salisbury e outros, com o objetivo de ter um panorama mais amplo desta linha de pensamento importante para o resurgimento e transformação das Ciências.

Robert Grosseteste

Figura central na intelectualidade dos séculos XII-XIII, Robert Grosseteste (1168 – 1253) foi um filósofo, tradutor, cientista, teólogo, Bispo de Lincoln e o primeiro chanceler da Universidade de Oxford. Em questões filosóficas, Robert Grosseteste priorizava o pensamento de Santo Agostinho. Mas em questões científicas, Grosseteste prioriza os *experimentos empíricos*, fundamentados no pensamento e observações de Aristóteles, ressurgidas na época nos textos originais.

Figura 2.14. Robert Grosseteste, Bispo de Lincoln.

Nesse sentido Grosseteste sustenta metodologicamente a existência de um *caminho duplo* de investigação, que parte da observação de fenômenos particulares e individuais, possibilitando efetuar generalizações e destas criar *Leis Universais*; e depois o caminho inverso, qual seja, aplicar essas Leis Universais a fenômenos particulares. Isso possibilitaria validar diversas teorias através de experimentos. Grosseteste chamou esse duplo método de *Resolução* e *Composição*. Mais ainda, segundo Grosseteste, para a realização deste método a aplicação da Matemática e em especial da Geometria seria essencial, principalmente nos estudos e nos experimentos em Astronomia e Óptica.

Na visão de Grosseteste o estudo da *luz* é fundamental pois se no primeiro dia Deus criou o Céu e a Terra (a matéria) e em seguida criou a primeira luz, o dia, e a segunda e pequena luz, a noite, (conf. Gênesis 1-31), é fato que ambas se expandem por todo o Cosmos. Para Grosseteste a luz (*lux*) seria a primeira forma corpórea de energia. O estudo científico em Óptica ganha maior espaço com o estudo de espelhos e lentes que trazem o longe para perto e aumentam o que é pequeno, como o grão de areia. Há quem sustente que Grosseteste foi o precursor não só do método científico experimental moderno, fundamentado pela Matemática, mas também de outras ideias contemporâneas, tal como a ideia do *Big-Bang*. Com efeito, o texto de Grosseteste *De Luce* (escrito por volta de 1235) contém uma descrição e uma classe de questionamentos e preocupações que mostram um pensamento teórico e plural, de claro caráter científico [Grosseteste 1942].

Grosseteste aceita e reconhece o relato do Gênese, mas não se conforma em absoluto com ele. Ele não quer aceitar o *fiat lux* como um mistério incognoscível reservado a Deus. Antes, quer saber *como exatamente* a Criação se desenvolveu. Mais precisamente, a sua crença na existência de Leis Universais o leva a declarar que Deus as fez para que os homens as descubram e compreendam os desígnios divinos. Em outras palavras, Grosseteste se coloca do lado oposto do misticismo dogmático. Para ele, a Natureza precisa ser estudada e desvendada para se aproximar de Deus e de sua obra.

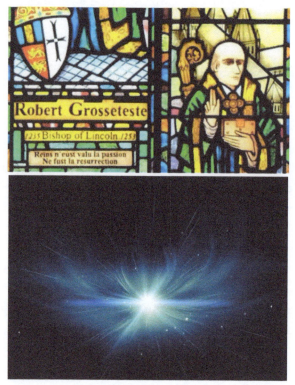

Figura 2.15. Vitral de Robert Grosseteste, pensador medieval preocupado com a origem da luz e do Universo todo (abaixo).

Grosseteste foi muito além de considerar apenas a *lux* divina. Seus trabalhos incluíram estudos diretos da *lumen* (a luz comum), registrando, por exemplo, a refração pela primeira vez.

Também escreveu sobre a formação do arco-íris, onde expressou que as nuvens poderiam agir como uma lente gigante (ou seja, estava no caminho certo). Talvez suas observações a respeito das lentes houvessem permitido, se mais desenvolvidas, construir um microscópio ou um telescópio cerca de 300 anos antes.

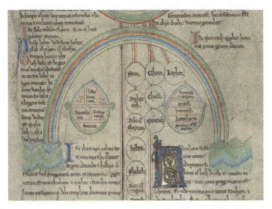

Figura 2.16. Uma ilustração representando o arco-íris do Pacto de Noé, de uma cópia em rolo do *Compendium historiae in genealogia Christi*, de Peter of Poitier, segunda metade do século XIII: Royal MS 14 B IX.

Mas resulta notável como a sua concepção da criação o levou a pensamentos muito inovadores. Grosseteste raciocina que essa "explosão" de luz deve parar em algum momento (lembremos que o Cosmos Medieval era *finito*...). Assim, propõe que o Cosmos chegou a uma densidade mínima e depois se solidificou. Nas suas próprias palavras em Latim:

> *"Quando vero congregatur lux in se cum corpulentia materiae, fit condensatio vel diminutio"*

Deste processo de solidificação teriam se formado as esferas que sustentavam o Sol, os planetas, a Terra e as estrelas, de "fora" para dentro. Grosseteste também enuncia algo surpreendente: que deve haver nos céus sinais remanescentes dessa "cristalização" e formação do Cosmos (isto é o que fazem os cosmólogos modernos: procurar sinais de como aconteceu a evolução do Universo...).

Figura 2.17. Esquerda: Codex Manesse (Zurich, 1300 a.D.). Direita: A thirteenth-century depiction of the geocentric cosmos. Crédito: *L'image Du Monde* by Gossuin de Metz, Bibliothèque Nationale de France

Como nota adicional de interesse, destacamos que pouco tempo atrás um grupo interdisciplinar realizou um estudo criando uma equação diferencial à partir dos escritos de Grosseteste e a resolveu numericamente [Bower 2014]. Os resultados mostraram que existem conjuntos de parâmetros para os quais são formadas, quando a expansão avança, exatamente as esferas concêntricas do mundo Medieval.

Grosseteste estaria encantado com este resultado. Em resumo, Grosseteste foi um pensador extraordinário. A Ciência Moderna começou a tomar forma a partir dele e alguns de seus contemporâneos. A Idade Média não foi em absoluto desprovida de ideias e debates, pelo contrário, foi mais um laboratório intelectual onde muitas inovações estavam se incubando. Alguns historiadores sustentam que existiu um "Primeiro Renascimento" no século XIII, e certamente Grosseteste foi uma parte importante dele.

Roger Bacon e o empirismo

Se Robert Grosseteste é considerado o iniciador do então chamado *naturalismo filosófico* de Oxford, seu principal representante foi seu discípulo, Roger Bacon (1220 – 1292), também conhecido como *Doctor Mirabilis* (Doutor Admirável), que contou com uma educação privilegiada desde a sua infância, tendo estudado Geometria, Aritmética, Música e Astronomia. Aos 13 anos, Bacon ingressou na Universidade de Oxford sob a orientação de Robert Grosseteste e depois foi para Paris, onde se tornou Mestre em Teologia. Mais tarde, por volta de 1252, Bacon retorna para Oxford (https://plato.stanford.edu/entries/roger-bacon/).

Figura 2.18. Roger Bacon (1220 – 1292 a.D.), o *Doctor Mirabilis*.

Diferente da grande maioria dos escolásticos da época, Bacon não se contenta em ser mais um seguidor de Aristóteles. Ao longo de sua *Opus Majus*, Bacon revela seu conhecimento sobre as Filosofias Grega e Árabe. Com essas influências, o uso da lógica e da observação revelaram-se insuficientes para a Filosofia que lhe era contemporânea e que englobava, naquele momento, as Ciências Naturais. Para Bacon era necessário o experimento combinado com o uso da Matemática [Russell 2017].

Com estas bases e baseando-se no estudo da Física, Bacon dá continuidade a diversos estudos de Grosseteste, dentre estes o estudo em Óptica, especificamente sobre a reflexão e refração da luz. Também as lentes e as propriedades das lentes convexas, antevendo a criação dos óculos, telescópios, microscópios e também da Alquimia (que mais tarde viria a se transformar em Química).

Figura 2.19. Estátua de Roger Bacon em Oxford.

Roger Bacon também intuiu sobre outras questões como o vôo, a circunavegação do globo, e a propulsão mecânica, entre muitas outra. Sua confiança no progresso humano era ilimitada.

Nas palavras de Bacon:

> "...com os recursos e invenções do engenho humano (...) pode-se construir meios para navegar sem remadores, de modo que naves imensas (...), com um só timoneiro, andem em velocidade maior do que se fossem movidas por uma multidão de remadores. Pode-se construir carros que andem sem cavalos (...). E é possível também construir máquinas para voar; (... e) um instrumento de pequenas dimensões, mas em condições de erguer e abaixar pesos de grandeza quase infinita. (...) Também não seria difícil construir um instrumento pelo qual um só homem poderia puxar violentamente para si mil homens (...). Da mesma forma, é possível construir instrumentos para caminhar nos rios e no mar até tocar no seu fundo, sem acarretar perigos para o corpo."

Bacon acreditava que Alexandre Magno havia usado instrumentos desse tipo para explorar o fundo marinho, como foi relatado pelo astrônomo. Bacon afirmou, mais geralmente, que tais instrumentos foram feitos na Antiguidade e eram feitos "até hoje", com exceção da máquina de voar. Bacon cita mais instrumentos, dentre os quais as "pontes lançadas para o outro lado do rio" [Reale 2007].

Nunca é demais lembrar que o pensamento de Roger Bacon é contemporâneo à Escolástica. Bacon pôde acompanhar a plena consolidação do pensamento de Tomás de Aquino (1225 – 1274). O Renascimento emergiu no século seguinte, e a Reforma Protestante anglicana e sua ruptura com a Igreja Católica, só seria levada a cabo na Inglaterra pelo Rei Henrique VIII, no Século XVI, o qual também mudaria muito o estado das Ciências.

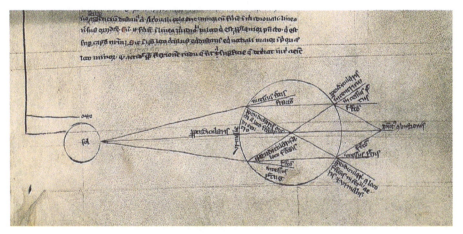

Figura 2.20. Página de *Opus Majus* de Roger Bacon que descreve a iluminação solar na Terra.

Figura 2.21. Roger Bacon realizando um experimento, em gravura de 1600.

Como para Bacon apenas as observações e a lógica não seriam suficientes para o avanço do conhecimento, este dependeria mais de experimentações científicas e de boas perguntas do que de respostas ruins. Para tanto, seria necessário que os experimentos fossem realizados com um método científico, através do qual observa-se um fenômeno, levanta-se uma hipótese, efetua-se experimentos, e obtém-se as conclusões.

Por questões hierárquicas da Igreja, Bacon escreveu e enviou seus pensamentos para Roma, e foi logo acusado de heresia. Foi julgado e condenado a passar 14 anos encarcerado, mas esse tempo não foi de todo perdido, pois é no cárcere que Bacon escreve a sua maior obra *Opus Majus*, que abordava Teologia, Filosofia, Ciências Naturais, Cartografia, Óptica, Matemática e avanços tecnológicos.

Além das contribuições de Bacon para a o método científico, destaca-se o argumento de que existem quatro causas principais para os erros em Ciência: 1) autoridades não merecedoras de respeito; 2) costumes e tradições ultrapassadas; 3) a opinião da massa ignorante; 4) e o disfarce da ignorância em aparentes demonstrações de sabedoria.

A insistência de Bacon no valor dos experimentos como meio para arbitrar as disputas filosóficas abriu caminho para o chamado *empirismo inglês* e para a construção da Ciência Moderna, já que colocou a natureza dos fenômenos físicos *fora do domínio mental* de forma taxativa.

Embora essa ruptura metodológica tenha sido fundamental para preparar o terreno para o avanço da Física, não parece que os franciscanos em geral tiveram alguma preocupação científica com a natureza da matéria até a Alta Idade Média (sequer na obra ainda posterior de Galileu, embora este tenha sido uma peça fundamental para estabelecer o experimento e observação como critérios de verdade) [Jaki 2000]. Talvez por que as questões sobre a estrutura da matéria estivessem ainda muito ligadas à natureza especulativa recém rejeitada, desvinculada ainda da possibilidade real de experimentação no domínio microscópico.

A evolução desta ruptura e distinção entre as duas disciplinas levaria Bertrand Russell a declarar, no século XX que:

"Ciência é o que você sabe, Filosofia é o que você não sabe."

Guilherme de Ockham e sua navalha epistemológica

William de Ockham (Guilherme de Ockham como é mais conhecido no Brasil), nasceu no condado de Surrey, Inglaterra, no ano de 1285 e faleceu em Munique, Alemanha, no ano de 1349. Este período em que viveu compreendia o final da Idade Média, marcada por uma forte influência religiosa e evidenciação da fé frente à razão, e o início do Renascimento onde o pensamento científico voltou a ganhar força e a razão voltou a ser vista como o meio para atingir o conhecimento (https://plato.stanford.edu/entries/ockham/).

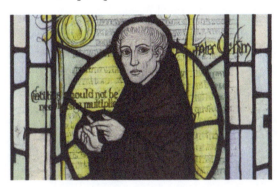

William de Ockham.

Seguindo a tradição do movimento intelectual inglês surgido em Oxford, William é considerado o último dos escolásticos. Em 1305, com 20 anos de idade, William ingressou na Ordem Franciscana e também na Universidade de Oxford. Seu pensamento, evidenciando em escritos, o levou a ser denunciado por heresia pelo ex-chanceler da Universidade. Dentre estes pensamentos podemos destacar:

a) se opor à Teocracia e a teoria da infalibilidade do Papa;

b) declarar o Papa João XXII o seu inimigo;

c) refutar os ensinamentos de Tomás de Aquino baseados em Aristóteles;

d) propor um distanciamento radical entre Fé e Razão;

e) apresentar um método próprio de se fazer Ciência.

Convocado para responder a estas acusações, William transferiu-se para o convento franciscano de Avignon.

Após três anos de apreciações, William foi julgado herético pelo próprio Papa. Por se alinhar de forma intransigente à questão da pobreza, característica da própria Ordem Franciscana, e por novos conflitos com o Papa João XXII, dominicano, e buscando evitar maiores sanções, William conseguiu abrigo junto a Ludovico da Baviera para finalmente falecer durante a epidemia de cólera em 1349.

Naquele final de Idade Média a Escolástica ainda preponderava, assim como a hierarquia das leis: a *Lei Divina*, que só Deus conhece; a *Lei Natural*, que é um reflexo racional da Lei Divina; a *Lei Revelada* na Bíblia; e a *Lei dos Homens*, feitas para o convívio em sociedade. William aproveitou-se dessa rígida hierarquia, iniciada na Patrística e consagrada por Tomás de Aquino (o *Doctor Angelicus*), para através dela fazer um corte ontológico e epistemológico onde menos se esperava: entre a Lei Divina e a Lei Natural.

Figura 2.22. William e outros monges trabalhando no *scriptorium*

Com base nessa divisão, William sustenta que Deus é de tal modo onipotente que deve ser objeto de fé, e sua existência não precisa ser provada racionalmente. Todas as questões teológicas são artigos de fé e não precisam ser provadas. Já a razão deve servir à Filosofia (Ciência), que tem por objeto as Leis Naturais [Reale 2007].

Nas palavras de William:

> *"os artigos de fé não são princípios de demonstração nem conclusões, e nem mesmo prováveis, já que parecem falsos para todos, ou para a maioria ou para os sábios, entendendo por sábios os que se entregam à razão natural já que só de tal modo se entende o sábio na Ciência e na Filosofia".*

Em outras palavras, William efetuou um corte epistemológico tão profundo, que rompeu com a tradição Tomista separando a fé da razão e possibilitando o surgimento de uma epistemologia fundamentada na experiência, iniciada pelos sentidos humanos e elaborada através da abstração. Quanto ao uso da razão nas Ciências, a ruptura com a tradição milenar da Metafísica ocidental é enorme, basta dizer que das dez categorias aristotélicas, William afasta oito e mantém apenas duas: Qualidade e Acidentes. Da Teoria das Quatro Causas de Aristóteles, que estabelece que existem quatro diferentes tipos de explicações para o porquê das coisas acontecerem, William afasta logo a *Causa Eficiente*, que é referente ao agente responsável por trazer algo à existência, e a *Causa Final*, que é o propósito/motivo pelo qual algo foi criado.

Em breve síntese o pensamento de William pode assim ser exposto:

Autonomia de Fé e Razão: as verdades de fé não são evidentes por si mesmas, nem são demonstráveis e nem aparecem como prováveis, portanto são estranhas ao conhecimento racional. O conhecimento é individual: a Ciência ocupa-se apenas dos entes *individuais* e não dos *universais*; o primado do indivíduo implica o primado da experiência.

Figura 2.23. William e a navalha epistemológica, agora (esquerda) e num manuscrito medieval (direita).

O conhecimento divide-se em: Complexo (relativo a proposições compostas de termos) e Não-complexo (relativo aos termos singulares). Os não-complexos, por sua vez, subdividem-se em: (a) intuitivo (capta a existência dos objetos pelos sentidos) e (b) abstrato (que baseia-se no intuitivo). Os entes Universais não são mais do que sinais abreviativos: A realidade inteira é individual. O mundo passa a ser concebido como um conjunto de elementos individuais, sem laços entre si e não ordenáveis em termos de essência. Os entes Universais são apenas termos convencionados para indicar a repetição de múltiplos conhecimentos semelhantes.

O termo "navalha de Ockham" surge como metáfora para o procedimento intelectual proposto por William. Segundo suas palavras: "Não se deve multiplicar os entes se não for necessário". Este pensamento implica que quanto mais simples uma teoria (em seus palavras, "mais próxima da realidade") e menor o número de considerações feitas, maior será a probabilidade de que esta teoria seja o verdadeiro fundamento ontológico de um objeto ou de um fenômeno.

A prevalência dada ao indivíduo, tanto em Lógica como em Metafísica, permitiu a separação lógica da realidade, bem como a elaboração de uma *nova lógica* fundamentada sobre uma sintaxe mais rigorosa e sobre uma maior clareza na definição dos termos em relação à realidade designada.

É como se William tivesse afastado o imaterial do material, destacando este último conjunto dos objetos materiais e individualizados, como objeto da Razão (da Ciência). O Universo é assim fragmentado em inúmeros indivíduos isolados mas passíveis de estudo. Qualquer tentativa de universalização é afastada e o pensamento de William é categorizado como *Nominalista*.

William iniciava suas preleções apresentando a Filosofia natural de Aristóteles, citando o livro A Física. Chamava Aristóteles de "*O Filósofo*", seguindo o hábito escolástico, mas apenas para romper com este. William foi o cristão crítico do cristianismo, o herético denunciado e condenado mas que libera a razão da fé, o aluno que teve seus estudos acadêmicos interrompidos, o *Venerabilis Inceptor* que praticamente destruiu o pensamento do mestre *Doctor Angelicus*, Tomás de Aquino [Russell 2017].

Possibilitando a libertação da razão da fé, William dá continuidade e impulso ao movimento do empirismo inglês. Este foi apenas o começo de uma longa tradição que perdura até os dias de hoje. Cabe aqui apontar um fato importante: a famosa Navalha de Ockham é um postulado metafísico indemonstrável que leva a uma prescrição metodológica, contudo, nem sempre está certa.

Há muitas situações nas Ciências onde parecem existir mais "entes" do que o necessário. Por exemplo, a Cosmologia introduz a constante cosmológica porque resulta necessária, mas a teoria seria mais simples sem ela. Era difícil prever sua existência *a priori*. Edward Kolb, pesquisador do FERMILAB (*cerca de* 1996) afirmou publicamente que as teorias da massa dos neutrinos desenvolvidas *"são tão feias que nem seus criadores gostam delas"*. Invocar indiscriminadamente a Navalha de Ockham como um princípio metodológico indiscutível pode, às vezes, ser um erro sério..

Islâmicos, Muçulmanos, Judeus, Cristãos e Árabes

Um esclarecimento simples e geral cabe aqui: com frequência confundimos os termos *islâmico*, *muçulmano* e *árabe*. O termo *islâmico*, se refere aos seguidores do Islamismo, que é a religião monoteísta criada por Maomé no século VII d.C. Assim, islâmico é todo seguidor da religião Islâmica. O termo *muçulmano* é apenas um sinônimo de *islâmico*, não havendo nenhuma diferença entre os termos. Portanto, dizer que alguém é muçulmano significa dizer que essa pessoa é islâmica, ou seja, seguidora do Islamismo. Judeu é todo aquele que segue a Torá, ou o Antigo Testamento; de igual maneira, cristão é todo aquele que segue os ensinamentos do cristianismo, ou ensinamentos de Jesus de Nazaré. Já o termo árabe se refere a uma etnia, ou seja, à etnia árabe, que é caracterizada (mas não unicamente) pela língua árabe. Devemos, portanto, ter em mente que *islâmico* e *muçulmano* são referentes a uma mesma religião, são sinônimos; enquanto árabe é referente a uma etnia/língua falada e compreende uma variedade de casos. As contribuições para a Ciência Ocidental destes povos de Oriente é tão significativa que discutiremos a seguir o básico da herança recebida.

A Idade de Ouro Islâmica

Se no Ocidente a Patrística e a Escolástica, compreendidas entre os séculos IV e XII, o pensamento científico-filosófico fica subjugado às crenças teológicas, no mundo islâmico ocorre um fenômeno semelhante.

A Idade de Ouro Islâmica, também conhecido como o Renascimento Islâmico, costuma ser datada entre os séculos VIII e XIII. Durante esse período pensadores, filósofos e acadêmicos contribuíram para a evolução do conhecimento nas mais variadas áreas. Esses pensadores muçulmanos criaram uma cultura única que acabou por influenciar praticamente todas as sociedades de todos os continentes. Observa-se, assim, os movimentos geográficos do conhecimento científico:

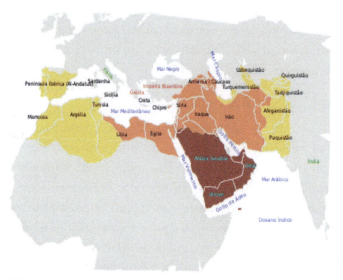

Figura 2.24. Mapa representativo da Era dos Califas. O marrom escuro representa a época de Maomé, o alaranjado o Califado Ortodoxo e o amarelo o Califado Omíada.

Era dos Califas:
- Expansão durante a época de *Maomé*, 622-632
- Expansão durante o *Califado Ortodoxo*, 632-661
- Expansão durante o Califado *Omíada*, 661-750

É justamente nesta época em que os árabes melhoraram a técnica da confecção do papel e da escrita com pena. Nesse sentido, superaram os chineses e passaram a empregar escribas e encadernadores de livros, dando início à criação das primeiras bibliotecas públicas e Centros (universidades) de Ensino Superior, em notória expansão do conhecimento. Outras instituições, até então desconhecidas na Idade Antiga, tiveram a sua origem no mundo medieval islâmico, sendo os exemplos mais notáveis o *hospital público* (que substituiu os *templos de cura*), a *biblioteca pública*, além da já mencionada universidade para graduados e o observatório astronômico como instituto de investigação.

Ao contrário da intolerância religiosa imperativa no Ocidente, no Oriente a liberdade religiosa ajudou a criar redes interculturais atraindo assim intelectuais muçulmanos, judeus e cristãos, neste que foi o maior período de criatividade filosófica-científica da Idade Média.

É neste contexto histórico que trabalham os pensadores Avicenna e Averróis, que viriam a influenciar o pensamento de Maimônides e Tomás de Aquino.

Os pensadores do Califado de Córdoba

O Califado de Córdoba (929 – 1031) foi a forma de governo islâmico que dominou a maior parte da península ibérica e do norte da África com capital em Córdoba, na Andaluzia, Espanha. O título de Califa foi reclamado por Abderramão III em 929, que já era reconhecido como Emir de Córdoba.

Foi justamente no decorrer do Califado de Córdoba que ocorreu o esplendor político, cultural e comercial de Al-Alandalus. Oficialmente, o Califado perdurou por dois séculos apenas, até 1031, ano em que foi abolido após um período de revoltas, fragmentando-se em múltiplos reinos. Contudo, o seu legado cultural se faz presente em vários segmentos do conhecimento humano até os dias de hoje.

Aristóteles redescoberto

Para entendermos esse período do pensamento científico é necessário ter em mente que o mundo muçulmano havia se convertido no centro intelectual da Ciência, Filosofia, Astronomia, Medicina e Educação em geral. Toda a extensão do mundo Islâmico a qual incluía Portugal, Espanha, Marrocos, Argélia e Líbia dentre outros países árabes floresceu e desenvolveu seus centros de excelência e investigação. Em Bagdá, estudiosos muçulmanos e não muçulmanos tentavam reunir, traduzir e compreender muitos livros da Antiguidade Grega Clássica. Posteriormente essas obras, principalmente os escritos de Aristóteles, seriam traduzidas do árabe para o hebreu e o latim, dentre outras línguas.

Deve ser considerado que a cultura islâmica, aqui representada por Avicena e Averróis, deu início a uma reinterpretação dos escritos de Aristóteles, dentro dos limites do Alcorão; a cultura judaica, aqui representada por Maimônides, também interpretou os escritos de Aristóteles dentro dos limites da Torá; de igual maneira, a cultura cristã, aqui representada por Boécio, Alberto Magno e Tomás de Aquino fizeram o mesmo, dentro dos limites das escrituras cristãs.

Averróis

Se no Oriente Avicena é considerado o maior expoente da filosofia árabe, Averróis é o filósofo Islâmico de maior projeção e influência no Ocidente. Averróis (Córdoba, 1126 – Marraquexe 1198), nome latinizado de Ibn Roschd, nasceu em Córdoba, no que hoje é a Espanha e que então fazia parte de um dos territórios islâmicos sucessores do Califado de Córdoba. Herdeiro cultural de Avicena, que já tinha morrido havia muito tempo, Averróis escreveu tratados sobre Direito, Astronomia, Gramática, Medicina e Filosofia sendo um grande comentador de Aristóteles. Para ele, "o filósofo" é Aristóteles e seus comentários sobre a filosofia aristotélica tiveram muita influência sobre pensadores judeus e cristãos judeus na Idade Média.

Ciente de que a narrativa religiosa exposta no Alcorão por vezes entrava em choque com a filosofia grega, Averróis reconciliou a Religião e a Filosofia com sua teoria hierárquica da sociedade, pois julgava que apenas uma elite educada seria capaz de pensar filosoficamente e interpretar algumas passagens como alegorias, enquanto o povo raso deveria aceitar literalmente os ensinamentos do Alcorão [Reale 2004]. Assim, as pessoas cultas tinham a obrigação religiosa de usar um raciocínio lógico, principalmente nos pontos em que o raciocínio lógico revelasse que o significado literal do Alcorão era insustentável. Em caso de dúvida entre a interpretação lógica e a interpretação literal, porém insustentável do Alcorão, o homem letrado deveria desconsiderar a interpretação literal, em outras palavras, o homem letrado deveria sustentar a interpretação científica apoiada no pensamento de Aristóteles. Observa-se portanto a autonomia que Averróis outorga à Filosofia, mesmo contra os ensinamentos religiosos do Islã.

Figura 2.25. Estátua de Averróis na entrada da cidade de Córdoba, onde nasceu e trabalhou.

Esse tipo de interpretação irá impactar na concepção da origem do Universo: enquanto os muçulmanos acreditavam que o Universo teve um início, Averróis concordava com a proposta aristotélica de que o Universo sempre existiu e na existência de um motor primeiro que engendrava e mobilizava todas as coisas que existem. Outro ponto que a interpretação de Averróis confronta os ensinamentos islâmicos refere-se à imortalidade da alma. Para Averróis a alma individual morre, porém reconhece a imortalidade de um espírito supra-humano o qual acolhe toda a Ciência e Filosofia. Também afirma que a Ciência é "como o Sol que ilumina todos os outros conhecimentos humanos". Os indivíduos podem morrer, mas a Ciência não morre, porque é universal e está conectada com todos os humanos.

Por causa desse modo de pensar, a Filosofia de Averróis foi duramente criticada pelos muçulmanos radicais, a ponto de ter seus escritos queimados e ele mesmo obrigado a exilar-se. No entanto, suas obras foram traduzidas para o hebraico e o latim, e tiveram enorme influência nos séculos XIII e XIV, principalmente sobre estudiosos judeus como Maimônides e teólogos-filósofos como Alberto Magno, Tomás de Aquino e Roger Bacon. A partir do século XII, com a intermediação árabe e judaica, as obras de Aristóteles começam a ser conhecidas na Europa Ocidental, principalmente os escritos sobre Física e Metafísica, até então completamente desconhecidos. Averróis teve um papel central para esta sobrevivência dos escritos importantes para a Ciência e Filosofia posteriores.

Maimônides

Pela tradição teológica judaica, coube a Maimônides, dentre outros, a discussão filosófica sobre a *impossibilidade* do Atomismo, diante de um Deus criador. Sendo profundamente influenciado pela leitura dos textos de Aristóteles, as críticas de Maimônides praticamente acompanham os críticos árabes.

Figura 2.26. Maimônides em Al-Andalus, século XII a.D.

Maimônides, nascido Moisés ibne Maimom (Aljama de Córdoba 1138 - Cairo 1204) foi o principal representante intelectual pós-judaísmo medieval, e até hoje é considerado como a segunda autoridade no que refere-se à Lei Mosaica dada a Moisés no Sinai. Recebeu sua influência direta da Idade de Ouro do mundo intelectual árabe.

Influenciado por Alfarábi, Avicenna e seu contemporâneo Averróis, dentre outros proeminentes filósofos e cientistas árabes e muçulmanos, Maimônides tornou-se um proeminente filósofo e polímata tanto na tradição judaica quanto na islâmica, recebendo instrução rabínica das mãos de seu pai, Maimon (ele mesmo um erudito de alto mérito) e foi colocado em tenra idade sob a orientação dos mais distintos eruditos árabes, que o iniciaram em todos os ramos da Sabedoria daquele tempo.

No decorrer de sua vida Maimônides passou por diversos infortúnios, sendo obrigado a exilar-se e mudar-se da Espanha para Marrocos, para o Egito e finalmente para Israel, onde adotou a profissão de médico. Maimônides escreveu um tratado sobre o calendário judaico revelando um grande conhecimento da Matemática.

Em 1177, Maimônides já era um reconhecido líder religioso e em pouco tempo sua reputação ganhou reconhecimento internacional em Comunidades judaicas de várias partes do mundo, que lhes escreviam em busca de opinião acerca da lei judaica.

De acordo com Maimônides, não há contradição entre as verdades que Deus revelou e as verdades que a mente humana, um poder derivado de Deus, descobriu. De fato, com poucas exceções, todos os princípios da Metafísica (e estes são, para ele, os de Aristóteles, conforme proposto pelos peripatéticos árabes Al-Farabi e Ibn Sina) que são incorporados na Bíblia e no Talmud.

Maimônides sustentava que, além da revelação escrita, os grandes profetas receberam revelações orais de um caráter filosófico, que foram transmitidos pela tradição à posteridade, mas que foram perdidos em consequência dos longos períodos de sofrimento e perseguição que os judeus passaram. Assim, o suposto conflito entre Religião e Filosofia teria a sua origem em uma má interpretação das Escrituras [de Macedo 2020].

Os últimos capítulos da primeira parte da obra *Moreh* são dedicados a uma crítica das teorias do *Motekallamin*, uma importante corrente de Teologia racionalista judaica. Essas teorias estão incorporadas em doze proposições, das quais derivam sete argumentos em apoio à doutrina da *creatio ex nihilo* (= criação a partir do nada). Isto uma vez estabelecido, eles afirmaram, como uma consequência lógica, que existe um Criador; então eles demonstraram que este Criador deve ser um, e de sua unidade deduziu sua incorporeidade.

Maimônides expõe a fraqueza dessas proposições, que ele considera fundadas sem base em fatos positivos, mas na mera ficção. Ao contrário do *princípio aristotélico* de que todo o Universo é um corpo organizado, cada parte do qual tem uma relação ativa e individual com o todo, o *Motekallamin* nega a existência de qualquer lei, organização ou unidade no Universo. Para eles, as várias partes do Universo são independentes umas das outras; todos eles consistem em elementos iguais; não sendo compostos de substância e propriedades, mas de átomos e acidentes (a exemplo do Atomismo grego), a lei da causalidade é ignorada; as ações do homem não são o resultado da vontade e do desígnio, mas são meros acidentes. Vemos aqui em outro plano, outra versão do embate entre o Atomismo e o Aristotelismo, interpretado e reanalisado pelos pensadores judeus.

A exemplo de Aristóteles, Maimônides também divide o mundo em sublunar e supralunar. Para Maimônides a Ciência do mundo sublunar pode alcançar a perfeição e compleição, mas o mesmo não pode ser atingido pela Ciência supralunar, posto que é impossível uma verdadeira descrição do Universo tal como ele é. Maimônides descreve o Universo nos Capítulos III e IV da obra *Leis Fundamentais da Torá* e, em sua concepção, o Universo é finito, composto por nove 9 esferas concêntricas, tendo a Terra como centro. A nona esfera, a maior de todas, englobaria todas as demais; cada uma das oito esferas internas seria dividida em duas sub esferas, "como as camadas internas de uma cebola", sem que houvesse um espaço vazio entre elas, mas sim uma continuidade. Na esfera sublunar encontram-se os quatro elementos de Empédocles: terra, água, ar e fogo. Esses quatro elementos seriam diferentes daqueles do mundo supralunar, e não possuem vida, alma ou inteligência. Neste mundo os quatro elementos estariam em esforço contínuo para retornar os seus lugares naturais, estaríamos, assim, em um mundo em constante geração e degeneração, um mundo cujos princípios fundamentais seriam a forma e a substância.

Assim, no Universo há algo que move e rege o conjunto como um todo, é seu órgão principal, que comunica seu poder motor, de maneira que sirva para governar outros; se fosse possível imaginar o desaparecimento dessa causa primeira, a parte dominante e a parte dominada deixariam de existir. Isso é o que perpetua a permanência da esfera e de cada uma de suas partes, e isso é Deus.

Período final da Idade Média

Tomás de Aquino

Tomás de Aquino, (Roccasecca, Aquino 1224/25 - Fossanova 1274), nasceu vinte anos após a morte de Maimônides e foi uma figura fundamental da Igreja Católica e do pensamento Ocidental.

Tomás de Aquino não se considerava um filósofo, antes se via como um teólogo-filosofante, da tradição da Filosofia Cristã Ocidental. Isto é compreensível porque procurava fundamentar a Teologia com a Filosofia, ou posto em outras palavras, procurava fundamentar a Fé através da Razão [Nascimento 2007].

Quando Tomás de Aquino chegou na Universidade de Paris, o influxo da Ciência aristotelica-arábica estava em ampla ascensão e produzia uma forte reação por parte dos crentes e das autoridades religiosas. O Naturalismo e o Racionalismo que emanavam do aristotelismo arábico eram acusados de seduzir os mais jovens, porém Tomás de Aquino não temia as novas ideias, e junto com o seu mestre Alberto Magno e Roger Bacon, estudou os trabalhos de Aristóteles vindo a ensiná-los publicamente.

Tomás de Aquino.

O *Boi Mudo da Sicília*, apelido como era conhecido pelos seus colegas dominicanos, foi o responsável por adequar o pensamento pagão de Aristóteles com o pensamento revelado nas Sagradas Escrituras judaico-cristãs. Após estudar Averróis, a conclusão que Tomás de Aquino chega não é distinta da conclusão que Maimônides chegara: a causa primeira que rege e dá origem ao Universo, o motor primeiro que engendra todos os movimentos do Universo, é Deus. Tomás de Aquino também rejeita os atomistas, contudo distingue o pensamento teológico do pensamento científico, na medida em que acolhe o Naturalismo e o Racionalismo. Também é muito importante destacar que Tomás de Aquino estabelece explicitamente as bases para uma descrição *matemática* do mundo *físico*. Esta conclusão decorre das categorias de abstração por ele definidas, mas seus interesses não estavam precisamente dirigidos a este problema, e não chegou a desenvolver o assunto [de Lima 2015]. Ao que parece, o tema nunca chegou a entusiasmá-lo.

Essas conclusões podem ser encontradas nas duas maiores obras de Tomás de Aquino, que são a *Summa Teologica* e a *Summa Contra Gentiles*. O *Tratado da Pedra Filosofal e a Arte da Alquimia* é um escrito apócrifo cuja autoria foi erroneamente atribuída a Tomás de Aquino.

Com Tomás de Aquino atinge-se assim o apogeu da filosofia Aristotélica, embora já vimos que haviam vozes dissonantes, e com ela as duas teses que dominaram toda a Cosmologia da época: a finalidade interna de todos os seres e a composição dos corpos de matéria e de uma só forma substancial, mantendo-se corrente as teorias dos quatro elementos, dos lugares naturais e da incorruptibilidade dos astros, deixando de lado o neoplatonismo que tinha norteado muitos pensadores cristãos. Essas bases metafísicas pareciam intransponíveis na época, e condicionaram as Ciências por dois séculos ou mais. Mas havia ventos de mudança, ainda latentes antes dele, e que não demorariam em se manifestar.

Jean Buridan e os princípios da formalização da Ciência

Figura 2.27. Jean Buridan lecionando, em gravado do século XV. (J. Zupko, *John Buridan: Portrait of a Fourteenth-Century Arts Master*, 2003)

Enquanto havia uma renovação do pensamento aristotélico em Al-Andalus, no ramo latino o filósofo francês Jean Buridan (c. 1301 – c. 1359/62), Professor de Artes na Universidade de Paris, pode ser considerado como o primeiro passo para além da Filosofia Natural aristotélica, unificada com o pensamento cristão por Tomás de Aquino. Buridan diferencia-se imediatamente da maioria dos filósofos do seu tempo porque, apesar de clérigo, nunca esteve filiado a qualquer Ordem religiosa particular.

Buridan foi certamente o mais importante nome no desenvolvimento da *teoria do ímpeto*, vindo dele o termo ímpeto para sua quantidade análoga ao *mayl* e ao *dunamis*. Assim como há incertezas sobre a maneira exata pela qual Filópono influenciou Avicena, também não é possível dizer com exatidão como Avicena pode ter chegado até Buridan, mas em todo caso essa transmissão foi possível, e dados os paralelos, parece provável [Sayili 1987].

Mais geralmente, sabe-se que Jean estava à par dos desenvolvimentos matemáticos no Merton College inglês, onde a descrição quantitativa do movimento parece ter começado pouco depois do 1300. Buridan, e posteriormente Nicolau, seguiram neste caminho começado pelo grupo do Merton.

Buridan foi o primeiro filósofo após Avicena a tratar o ímpeto como uma quantidade *conservada*. Mesmo outro importante filósofo árabe, Avempace (c. 1085 – 1138), tratou o *mayl* como uma quantidade *consumida*, como Filópono [Sorabji 2010]. Os comentários de Avicena sobre a proporcionalidade do *mayl* com a massa e com o impulso inicial são reproduzidos com mais firmeza por Buridan, que dá um passo além ao buscar *quantificar* o ímpeto pela proporcionalidade:

$$\text{ímpeto} \propto \text{massa} \times \text{velocidade}$$

Para Galileu, escrevendo entre os séculos XVI e XVII, a teoria do ímpeto, que ele também chama de *momento*, parece já ser considerada conhecimento comum o suficiente para que ele nem mesmo cite referências sobre ela. Galileu, entretanto, a aplica somente ao movimento de projéteis e a alguns outros casos, ao contrário da plena generalização de Filópono, enquanto expressa dúvida, por exemplo, quanto à natureza da causa dos movimentos celestiais, considerando que esta poderia ser interna ou externa.

O ímpeto de Buridan se aproxima o suficiente do *momento* que utilizaria Isaac Newton quanto para que seja importante clarificar onde ele *difere* de Newton. O ímpeto ainda está imerso na Física aristotélica: assim como Aristóteles, Filópono e Avicena, Buridan entendiam o movimento como algo que tem uma força como *causa*. Para Aristóteles, essa força era externa. Vimos que a inovação de Filópono foi permitir que ela fosse *interna* ao sistema, e a de Avicena de que ela fosse *conservada*. Buridan sintetizou e formalizou essa quantidade onde Avicena vacilara em sua interpretação, mas o ímpeto ainda é uma quantidade que *causa*, ou *impulsiona*, o movimento.

A mudança de paradigma introduzida por Newton com a lei da inércia será exatamente a de eliminar a força como causa do movimento: o movimento retilíneo uniforme passa a ocorrer de forma *espontânea*, de acordo com a sua 1ª lei, na ausência de qualquer força, como veremos no Capítulo 3.

Nicolau de Oresme

O frade Nicolau de Oresme (1323-1382), discípulo de Jean de Buridan, é reconhecido como o pensador mais original do século XIV. Nicolau teve uma importante atuação em política, tendo sido conselheiro do rei Carlos V e escrito textos bem conhecidos a respeito da política. Também é o primeiro escolástico que escreveu em *língua vulgata*, em vez de fazê-lo somente em Latim. A crise que levou o deslocamento da Santa Sé a Avignon levou a uma ruptura entre a coroa francesa e o Papado, provocando não tão somente a diáspora de vários escolásticos formados em Paris, mas também enfrentamentos com desdobramentos impensados entre os próprios filósofos envolvendo o aristotelismo e questões do tipo. Nicolau polemizou (antecipando a atitude de Pico della Mirandola) fortemente com os astrólogos, se posicionando contra o determinismo astral, utilizando argumentos matemáticos e probabilísticos (o qual era uma grande novidade). Em alguns dos seus escritos mais interessantes, Nicolau aborda o movimento e expõe algumas das ideias que iam aparecer depois na Física galileana, reconhecendo a *variação* da velocidade de um móvel (aceleração) como quantidade fundamental, e criando diagramas que poderíamos denominar *pré-cartesianos*. Nicolau de Oresme é um continuador da obra do seu mestre Jean de Buridan, a caminho de uma nova forma anti-aristotélica de enxergar o movimento.

Nicolau de Oresme

Nicolau de Cusa e o "fim da Idade Média"

Nicolau de Cusa (1401 – 1464) é considerado um dos maiores gênios do século 15. Nascido na atual Bernkastel-Kues (então chamada somente Kues), Alemanha, formou-se em na Universidade de Padova, ordenou-se sacerdote em 1426, Cardeal em 1448 e morreu em 1464. Diversos historiadores o consideram como o filósofo que encerra a Idade Média criando uma ponte para o Renascimento.

Nicolau de Cusa.

Nicolau de Cusa se formou intelectualmente com base na corrente de ideias de William de Ockham, porém a principal característica de seu pensamento é o predomínio do Neoplatonismo, que estava voltando a se infiltrar na Europa Ocidental nessa época. Em seu pensamento, Nicolau de Cusa utiliza métodos extraídos da Matemática de forma bastante original ao qual ele denomina de *docta ignorantia*, onde ele insiste na desproporção entre a mente humana, que é finita, com a mente de Deus, que é infinita. Consciente das limitações cognitivas, o homem será mais *douto* quanto mais conhecer a dimensão da sua ignorância. Todas as coisas do Universo existiriam no homem, ainda que de forma humana. Nesse sentido, o homem é um *microcosmo*. A natureza humana seria a mais elevada das criaturas de Deus [Bignotto 2016].

Figura 2.28. O homem como um micro-cosmo, ideia dominante no fim da Idade Média.

Se Nicolau de Cusa pretendia analisar Deus em termos racionais (problema já abordado por diversos pensadores, como Santo Agostinho, Maimônides, Santo Anselmo, Tomás de Aquino dentre outros), o fato é que suas análises geram diversas consequências. Se atingir Deus racionalmente é impossível, dada a ausência de proporção entre a criatura-finita e o Criador-infinito, a conclusão inevitável é que a verdade das Leis Divinas jamais será atingida.

Em transposição para a Teoria do Conhecimento, mesmo através de métodos analógicos aos matemáticos, Nicolau de Cusa acaba provocando uma questão que se encontra viva desde então: até onde pode chegar o intelecto humano? Quais são os limites do conhecimento humano? Quais são os tipos de conhecimento humano?

Seis séculos depois, e saindo dos campos teológico e filosófico, nos perguntamos se questões, em nova transposição, podem ser aplicadas no campo científico. Quais são as limitações cognitivas que o homem possui? Existindo limitações, os fenômenos são tais como observados? Até onde é possível fazer Ciência com limitações cognitivas? E se existirem outras limitações racionais? Estas questões estendem e complementam o tratamento devido a Immanuel Kant, que veremos no próximo Capítulo 3.

Figura 2.29. Túmulo de Nicolau na Igreja de San Pietro in Vincoli, Roma.

Ao dizermos que Nicolau de Cusa encerra a Idade Média, é importante apreciar suas contribuições ao pensamento científico. Embora baseado na abstração (ou seja, sem seguir a linha empirista de Grosseteste e Bacon), Nicolau produz algumas ideias muito importantes e muito diferentes do que havia até então [Dijksterhuis 1969].

A primeira é que Nicolau se manifesta *contra* um Universo finito (próprio da Idade Média) e retorna à ideia de infinitude. É importante apontar que, embora exista um consenso dos estudiosos, o termo que Nicolau usa é *interminatus*. O termo *Infinitus* ele reserva para Deus. No contexto de 1400 algo ilimitado deve corresponder a infinito, mas hoje teríamos nossas dúvidas. Por exemplo, a superfície da uma esfera é ilimitada (*interminata*, não tem bordas ou limites), mas não infinita. Mas Nicolau entende que não há "centro" no Universo: "...*a máquina do mundo tem, por assim dizer, seu centro em todos os lugares e sua circunferência em lugar algum*". Isto é uma forma diferente de uma célebre afirmação que se origina em Xenófanes e se repete em vários pensadores posteriormente, por exemplo, em Pascal (tal como relatado por J.L. Borges em *La esfera de Pascal*)

Figura 2.30. O JWST Deep Field, 2022, cujo conhecimento teria maravilhado e agradado muito a Nicolau de Cusa.

Como consequência imediata Nicolau *nega* a Terra no centro do Universo (já que este centro não existe), rompendo de uma só vez com Ptolomeu e 1.000 anos de tradição filosófica. Sendo consequente com o primeiro ponto, Nicolau associa claramente o Sol com as estrelas, que se estendem sem limites pelo Universo.

E finalmente, quase como consequência inevitável, Nicolau conclui que devem haver *outros seres* além dos humanos (chamados "habitantes das outras estrelas"), antecipando o que Giordano Bruno afirmaria quase 200 anos depois, e que bem sabemos como terminou. Criteriosamente, Nicolau não insiste neste ponto em sua obra, e acaba empossado como Cardeal em 1450, prova de que o Papa aceitou que ele "esquecesse" do assunto e continuasse assim livre da acusação de heresia.

Em marcante contraste com a prática comum no restante da Idade Média, Nicolau de Cusa ousou centrar parte do seu pensamento na mente humana e suas capacidades particulares: conhecimento parcial sobre o Cosmos e Deus poderia ser obtido em parte pela Razão, e não somente Revelação, de forma que torna-se importante qualificar a capacidade humana de buscar conhecimento. Aqui, chegou a destacar a importância da Matemática como instrumento racional para a obtenção de conhecimento, e defendeu ideias inovadoras na Cosmologia. Como veremos no Capítulo 3, tais inovações de pensamento prenunciaram as ideias que se desenvolveriam ao longo dos dois períodos marcantes da primeira metade da Idade Moderna: a Renascença e a Revolução Científica

Referências ao Capítulo 2

1. N.F. Cantor. *Inventing the Middle Ages: The Lives, Works and Ideas of the Great Medievalists of the Twentieth Century*. (Harper Perennial New York, 1993).

2. F.J. Ragep. *Duhem, the Arabs, and the History of Cosmology*. Synthese **83**, 201 (1990).

3. A. Kovács. *Isidore of Seville: Cosmology and Science*. Publications de l'Observatoire Astronomique de Beograd **85**, 157 (2008).

4. A. Robert. *Medieval Atomism*, In: Encyclopedia of Medieval Philosophy. (Springer, Dordrecht-Heidelberg-London-New York: Springer, p. 122, 2011).

5. A.I. Sabra. *Avicenna on the Subject Matter of Logic*. In: Seventy-seventh Annual Meeting American Philoshopical Association, Eastern Division. The Journal of Philisophy **77**, 746 (1980).

6. A. Sayili. *Ibn Sīna and Buridan on the motion of the projectile*. Annals of the New York Academy of Sciences **500**, 477 (1987).

7. M. du Sautoy. *Como a Índia revolucionou a matemática séculos antes do Ocidente*. BBC Series (2019).

8. L. Thorndike. *A History of Magic and Experimental Science (Vol II)*. (Alpha Editions, Columbia University Press., NY, 2000).

9. M. Eliade. *Herreros y Alquimistas* (Alianza Editorial, Madrid, 1983).

10. R. Grosseteste. *On light (De Luce)*. Translated by Clare C. Riedl. In: Mediaeval Philosophical Texts in Translation Vol. 1. (Marquette University Press, USA, 1942).

11. R.G. Bower *et al. A medieval multiverse: Mathematical modelling of the 13th century Universe of Robert Grosseteste*. Proceedings of the Royal Society A: Mathematical, Physical and Engineering Sciences **470**, 20140025 (2014).

12. B. Russell. *História do Pensamento Ocidental*. (Ed. Nova Fronteira, SP, 2001).

13. G. Reale. *História da Filosofia*, Vol. 2 (Editora Paulus, SP, 2007).

14. S. Jaki. *The Savior of Science* (Eerdmans, Grand Rapids USA, 2000).

15. G. Reale, G. *História da Filosofia*, Vol. 3 (Editora Paulus, SP, 2004).

16. C.C.C. de Macedo. *O mal, a matéria e a Lei em Moisés Maimônides*. TRANS/FORM/AÇÃO: Revista de Filosofia **42**, 171 (2020).

17. Carlos Arthur Ribeiro do Nascimento, *Santo Tomás de Aquino - O boi mudo da Sicília Editora* (EDUC - PUC, São Paulo, 2007).

18. R.J. de Lima. *Sobre o uso da Matemática na Física segundo Tomás de Aquino: possibilidades e limites de uma descrição matemática do mundo*. Dissertação de Mestrado, Departamento de Filosofia, UFPe (2015).

19. R. Sorabji *et al. Philoponus and the Rejection of Aristotelian Science*. Bulletin of the Institute of Classical Studies, Supplement **iii-306** (2010).

20. N. Bignotto. *Nicolau de Cusa: da metafísica à cosmologia*. 2016. Disponível em: https://cosmosecontexto.org.br/nicolau-de-cusa-da-metafisica-a-cosmologia

21. E.J. Dijksterhuis. *The Mechanization of the World Picture* (Oxford University Press, UK, 1969).

Capítulo 3

O Renascimento e a Revolução Científica

> *"Pode haver charlatões, completamente ignorantes da Matemática, que se atrevem a condenar minha hipótese, sob a autoridade de alguma parte da Bíblia distorcida para seus propósitos. Não os valorizo, e desprezo seu julgamento infundado"*
> Nicolau Copérnico, *circa* 1530

O Renascimento e as Sementes da Revolução Científica

Como vimos, não houve uma real interrupção do desenvolvimento filosófico e pré-científico no oeste europeu durante o período Medieval, apesar da perda de boa parte do conhecimento clássico. Preocupados em conciliar a Filosofia clássica com a cristã, sob os auspícios da Igreja, conhecemos alguns nomes importantes desse período, como Ockham, Grosseteste e Bacon.

No leste, por outro lado, muito do conhecimento clássico foi preservado e ainda estudado, seja na capital do Império Romano do Oriente, Constantinopla, seja nas terras dos Califados. Na Roma Oriental, que após seu fim ganharia o nome de Império Bizantino, a tradição clássica grega manteve-se viva, com os mesmos clássicos como Homero, Platão e Aristóteles continuando a ser estudados. Uma rica tradição de comentários sobre textos clássicos desenvolveu-se em torno de Constantinopla, na qual se inseriu João Filópono, no século VI, que já vimos no contexto da teoria do ímpeto. Simultaneamente desenvolveu-se a Filosofia islâmica, que muito incorporou tanto de Platão quanto Aristóteles, e cujos trabalhos começaram a ser traduzidos para o latim e a circularem no Ocidente a partir do século XII, incluindo Avicena e Averróis, que também já figuraram em nossa narrativa.

Já no Ocidente em si, como vimos, o cenário veio a ser dominado durante esse período pela visão Aristotélica, com acesso limitado ao trabalho de Platão.

Tal cenário começaria a mudar principalmente a partir do século XIV. Em 1453, a queda de Constantinopla finalmente marcou o fim de mais de dois milênios de história Romana, e teve como uma de suas consequências migrações em massa de estudiosos, políticos, filósofos e cientistas em geral, carregando muito do conhecimento clássico até então guardado na capital de Bizâncio para o oeste. Muitos desses refugiados se estabeleceram na Itália, que por séculos estivera sob influência bizantina.

Ao longo de toda a sua história milenar, o Império manteve vivos os textos clássicos, e novos filósofos, políticos e historiadores contribuiriam para preservar sua tradição. De destaque particular para os desenvolvimentos seguintes no ocidente foi Gemisto Pletão (1355/60 - 1453/54) um filósofo grego (bizantino), grande admirador de Platão (de onde vem o nome *Pletão*), e que, durante o Conselho de Ferrara/Florença (1438-1439), deu uma série de palestras onde ofereceu uma primeira introdução a sua audiência à interpretação Neoplatônica de Platão, mais tarde publicadas como *De differentiis Platonis et Aristotelis* (*Sobre as Diferenças entre Platão e Aristóteles*) [Matula e Blum 2018]. A redescoberta ocidental da Filosofia platônica em sua completude, iniciada nesse período, teve grande influência em dois nomes importantes. O primeiro destes foi Nicolau de Cusa, que como vimos antecipou certas características que marcarão o período que trataremos agora. O segundo foi Pico della Mirandola, cujo intenso ataque à Astrologia provavelmente influenciou Copérnico no começo da Revolução Científica, como veremos a seguir.

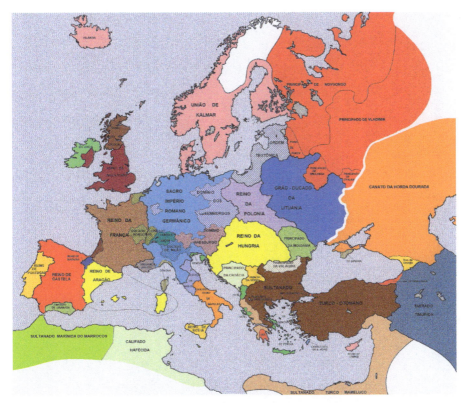

Figura 3.1. A Europa em torno de 1400. O norte italiano, sob influência do Sacro Império Romano-Germânico (azul), era dividido em uma multitude de pequenos Estados.

Este fluxo súbito de conhecimento contribuiu para o acender de uma chama clássica no Ocidente tão intensa que viria a marcar o fim do que hoje chamamos de Idade Média. Não à toa, o período que seguiu, onde renasceu o pensamento clássico no oeste, recebeu o nome de *Renascimento*.

As concepções do Renascimento evoluíram ao longo da História. O termo foi já usado como *rinascita* por Giorgi Vasari (1511-1574) para descrever o estilo do pintor Giotto di Bondone (1267-1337) [Vasari 1550], no século XIV. Já no século XVIII, Voltaire o classificaria como um dos períodos culturais mais férteis da história humana. Finalmente, no século XIX, Jules Michelet e Jacob Burckhardt popularizariam a ideia do Renascimento como arauto da Idade Moderna [Michelet 1855; Burckhardt 1860].

Figura 3.2. Afrescos de Giotto di Bondone na Capella degli Scrovegni, em Pádua, Itália.

Mas para o desenvolvimento da Ciência, o que significou o Renascimento? Se o conhecimento na Idade Média foi marcado por sua subserviência à Teologia e à autoridade espiritual, o Renascimento foi definido pelo fim dessa relação, e a retomada da autonomia da Razão frente à Fé, como havia proclamado William de Ockham com dois séculos de antecedência (Capítulo 2). Em meio ao fluxo de trabalhos clássicos que tomaram a Europa nesse período, a obra de Platão teve especial destaque, e assim como antes com Arístóteles, seu trabalho passou a ser objeto de tentativas de conciliação com o pensamento cristão, como mecanismo de elevação do homem ao mundo inteligível, junto a Deus.

Figura 3.3. Aristóteles e Platão no centro da *Escola de Atenas*, de Rafael Sanzio.

Neste período, o ser humano passa a ter o aspecto de indivíduo racional, similar a Deus e distinto do mundo natural. Os trabalhos humanos tornam-se uma imagem em menor escala dos trabalhos divinos: o indivíduo é tanto criador quanto criatura, e o ato de criação o aproxima de Deus. Como espectador privilegiado, o indivíduo adquire a tarefa de ordenar racionalmente o mundo. Nessa veia, destaca-se o Humanismo, um movimento intelectual dentro do Renascimento de papel fundamental. De forma geral, um "humanismo" é qualquer pensamento que tem o humano como "medida de todas as coisas", com fundamento em sua matéria e em seus interesses.

Figura 3.4. Francesco Petrarca (esquerda) e o estadista romano Cícero (direita), cujas cartas, redescobertas por Petrarca, contribuíram para iniciar o *Renascimento*.

No contexto da Renascença, o Humanismo foi um movimento iniciado por Francesco Petrarca (1304-1374) dedicado à recuperação e estudo do pensamento greco-romano clássico, e a imbuir a sociedade e sua classe governante com as virtudes cívicas vistas na Antiguidade. Além da esfera política, o Humanismo visava também desembaraçar o Cristianismo da complexidade (ou pedantismo...) do pensamento Medieval, e retornar à percebida pureza e simplicidadedo Novo Testamento [Nepomuceno 2005].

Tal elevação do *status* humano para além do mundo natural justifica finalmente a distinção entre Ciências Humanas e Ciências Naturais. Em meio à essa clara revolução nas Ciências Humanas, o que se pode dizer a respeito das Naturais?

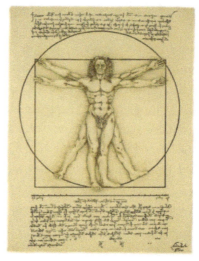

Figura 3.5. O *Homem Vitruviano* de Da Vinci representava as proporções ideias do corpo.

Ainda que o Renascimento em si tenha sido em essência uma revolução das Humanidades, pode ver-se claramente como esse período preparou o terreno para a ocorrência seguinte da Revolução Científica que ultimamente culminaria com o nascimento da Ciência moderna. A libertação da Razão da Fé, a elevação do ser humano e a ordenação do mundo são claras marcas de um caminhar na direção do que seria reconhecimento modernamente como Ciência [Damião 2018]. O Renascimento é marcado pela intensificação de questionamentos racionais a respeito do mundo natural.

Um dos fatos de destaque no período foi que a Astrologia, de berço pagão na Babilônia, com o afrouxamento das restrições da Igreja, adotou um papel proeminente na vida social e política europeia. Acreditava-se que cada parte do mundo e do humano seria governada por um astro-Deus, cuja posição e movimento ditavam as fortunas e infortúnios terrenos.

Ao prever os movimentos dos astros, a Astronomia tornou-se uma disciplina de suma importância, tanto na escala pessoal quando nas decisões de governos e exércitos. Daí veio parte do impulso para o *desenvolvimento* de modelos astronômicos cada vez mais precisos, que viria a culminar no modelo héliocêntrico do Universo com Copérnico e sucessores, uma exemplo de vitória de evidências naturais sobre preceitos tradicionais.

O reconhecimento de que a mente humana é capaz de investigar racionalmente o mundo abriu o caminho para que evidências naturais pudessem seriamente desafiar crenças tradicionais, passo fundamental na construção da Ciência moderna. Cada nova barreira ultrapassada a partir daí só apresentaria novos questionamentos irresistíveis à mente racional.

Fundamentalmente, o Renascimento, que não foi um movimento científico, marcou porém a "passagem do bastão" da Fé para a Razão na compreensão do mundo. Inicialmente voltada a explorar a condição humana, não tardaria para que essa mudança de paradigma cognitivo se extendesse às Ciências da Natureza com Copérnico, Galileu, Kepler, Newton e tantos outros que veremos mais adiante [Koyré 1979].

Figura 3.6. Dante Alighieri e a Divina Comedia, cerne do Humanismo Renascentista.

O dominante modelo geocêntrico de Ptolomeu

Discutimos no final do Capítulo 1 o trabalho de Cláudio Ptolomeu (c. 100 – c. 170) no seu trabalho o *Almagesto*, onde propôs o modelo geocêntrico do Universo que permaneceu paradigmático por muitos séculos [Jones 2023]. Já apontamos que o maior mérito de Ptolomeu foi o de tornar o geocentrismo um modelo quantitativo e preditivo, que incorporava as observações de Hiparco.

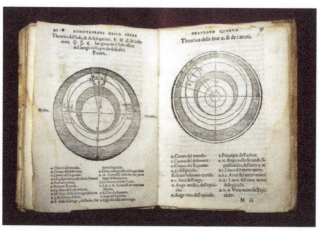

Figura 3.7. O modelo de Ptolomeu exposto no *De sphaera mundi* de Sacrobosco, em 1550. O geocentrismo continuava vivo e firma na consideração dos astrônomos.

Com o refinamento das observações ainda no Mundo Antigo, Ptolomeu precisou introduzir inovações para explicar os dois aspectos do movimento dos planetas que as **órbitas circulares** "perfeitas" não davam conta, *o movimento retrógrado* e a *variação da velocidade* dos planetas no céu de acordo com a distância da Terra.

Ptolomeu, partindo do modelo de Hiparco, acrescentou duas modificações ao modelo geocêntrico para explicar mais detalhadamente o movimento observado dos astros. Ele colocou a Terra agora *fora do centro* também da órbita dos planetas, dando o nome de *equante* ao ponto a partir do qual a órbita dos planetas pareceria regular. Nesse cenário, um observador na Terra naturalmente observaria variações periódicas da velocidade aparente e do brilho dos planetas.

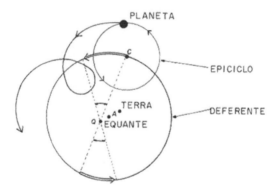

Figura 3.8. O modelo aprimorado de Ptolomeu, com introdução do equante e do epiciclo.

Indo ainda mais além no movimento dos planetas, Ptolomeu introduziu os *epiciclos*: em vez de girarem em torno da Terra, cada planeta faria uma pequena órbita chamada epiciclo em torno de um centro, e é esse centro que se deslocaria ao longo de uma grande órbita circular em torno do equante, chamada *deferente*. Os epiciclos manteriam-se como uma ideia muito popular para a descrição do movimento planetário, sendo capazes de reproduzir não só variações da magnitude da velocidade, como também a inversão periódica do sentido do movimento dos planetas [Luminet 2018]. Embora complexo para nossos padrões, o modelos de Ptolomeu reproduzia com grande exatidão o obervado. Veremos que o sucesso posterior do modelo de Copérnico não se deveu a ser mais exato, mas ao fato que explicava as órbitas com um modelo muito mais simples. William de Ockham houvesse aprovado em letra e número.

Copérnico: o divórcio entre Astronomia e Astrologia e o heliocentrismo

Com a retomada de uma teoria heliocêntrica (como a defendida na Grécia por Aristarco de Samos) por Nicolau Copérnico (1473-1543), fundada desta vez em um modelo baseado em previsões e observações, abriu-se o precedente para uma grande Revolução Científica, na saga da Renascença [Koestler 1961]. Este fato é tão marcante para a mudança da cosmovisão histórica que merece um estudo a parte (que não tentaremos aqui), mas veja, por exemplo, [Westman 2011].

Figura 3.9. Nicolau Copérnico.

Nascido na Polônia em 1473, Nicolau Copérnico (1473 - 1543) foi um astrônomo, matemático e cônego da Igreja, que é hoje amplamente conhecido por seu trabalho com o modelo heliocêntrico do universo, em oposição ao geocentrismo dominante até então, em seu livro *De revolutionibus orbium coelestium* (Sobre as Revoluções das Esferas Celestes), publicado em 1543.

Tendo começado sua educação ainda na Polônia na Universidade de Cracóvia em 1491, Copérnico a continuou na Universidade de Bolonha, Itália, a partir de 1496, onde foi introduzido ao Almagesto de Ptolomeu, fonte do modelo geocêntrico dominante da época, e ao *Disputationes* de Pico della Mirandola, um intenso ataque aos fundamentos da Astrologia. Ambos os trabalhos influenciariam Copérnico na elaboração de seu modelo héliocentrico e separação estrita entre Astronomia e Astrologia, que até então andavam de mãos dados, definindo o tom a ser seguido por desenvolvimentos seguintes na Astronomia.

O divórcio de duas disciplinas seculares: o ataque de Pico della Mirandola à Astrologia

Para que possamos entender o contexto no qual o próprio Copérnico ainda realizou o seu trabalho, é importante destacar que tal modelagem não era feita somente com o objetivo de entender e explicar fenômenos observados. A Astronomia esteve desde os seus primórdios associada à Astrologia – de fato, as duas nem sempre foram tratadas como disciplinas distintas –, e desenvolvimentos astronômicos pré-modernos estiveram, em geral, associados ao desejo de adquirir uma capacidade preditiva mais precisa do movimento dos astros, que permitisse também uma maior precisão das previsões astrológicas. Ptolomeu estava plenamente inserido nesse ambiente, e um de seus trabalhos mais famosos é o Tetrabiblos, um tratado sobre Astrologia que por séculos foi tão influente em sua área quanto o Almagesto na sua.

Copérnico chegou a Bolonha em um momento oportuno: só alguns meses antes de sua chegada, em 1496, ocorreu a publicação póstuma do *Disputationes adversus astrologiam divinatricem* (Disputas Contra a Astrologia Preditiva), um ataque impiedoso contra a disciplina.

Seu autor, Pico della Mirandola (1463 - 1494) foi um filósofo renascentista italiano, e em seu trabalho atacou não só a capacidade de precisão dos astrólogos, como também todo o fundamento da Astrologia. Pico diz, sobre a Astrologia, que "não há nada razoável em suas razões" e que "em suas experiências nada é estabelecido, nada é constante".

Embora já fosse bem estabelecido o uso do modelo Ptolemaico para a descrição do movimento dos planetas, o qual a Astrologia podia então interpretar, ainda existiam sérios desacordos. Uma das principais críticas de Pico foi de que não se sabia ao certo nem mesmo a ordem dos planetas: alguns colocavam o Sol logo após a Lua, enquanto outros só depois de Mercúrio e Vênus [Westman 2011]. Se os astrólogos não podiam sequer estabelecer a posição dos planetas, como poderiam prever sua influência?

A obra de Pico é conhecida como o ataque mais extenso e incisivo à Astrologia que o mundo já viu. Pico iniciou a escrita do *Disputationes* em 1493, mas sua morte repentina, em 1494, impediu que o trabalho fosse concluído.

O tratado foi publicado posteriormente, por seu sobrinho Gianfrancesco della Mirandola. No Prefácio desta, Pico identifica e diferencia dois tipos de astrologia: a matemática, ferramenta útil para as observações astronômicas, e a astrologia judicial, cujos adeptos, sem nenhuma base científica, têm por objetivo a previsão do futuro. No decorrer do tratado, Pico demonstra que a astrologia não possui fundamentação filosófica ou científica, além de apresentar inconsistências e contradições. Após a sua publicação, o Tratado provocou discussões e polêmicas em toda a Europa, encontrando grande número de respostas pró e contra.

Figura 3.10. Giovanni Pico della Mirandola

Se Pico della Mirandola anuncia as incongruências da Astrologia, é certo que a separação entre a Astronomia da Astrologia foi um processo gradual e longo, a ruptura e emancipação da Astronomia da Astrologia só ocorre por completo no século XVII. É surpreendente e notório, então, que em uma era quando não se distinguia entre Astronomia e Astrologia, Ptolomeu já tenha antecipado e *separado firmemente* os dois assuntos. Tal atitude de tratamento isolado da Astronomia, longe de esoterismos, seria reproduzido agora por Copérnico, e tornaria-se uma de suas características mais marcantes.

A obra de Copérnico

Embora Copérnico nunca tenha escrito sobre Astrologia, parece certo que ele tenha entrado em contato com o trabalho de Pico e sua crítica da Astrologia e da Astronomia [Westman 2019]. Famosamente, e em contraste a astrônomos contemporâneos e posteriores (como Galileu e Kepler), não há registros de quaisquer horóscopos, previsões ou elogios a Astrologia produzidos por Copérnico, dando origem a sua imagem de um estudioso "imune de qualquer interesse ou interação com prática astrológica", como escreve Richard Westfall [2011], embora, como Westfall aponta ao longo de seu trabalho, Copérnico dificilmente poderia ter estado completamente removido da Astrologia, como um astrônomo no início da Idade Moderna. Seu estudante, Rheticus (1514 - 1574), escreveria que

> "Meu professor escreveu um trabalho de seis livros onde, em imitação de Ptolomeu, ele abarcou a totalidade da Astronomia, afirmando e provando proposições individuais matematicamente e pelo método geométrico".

Seria possível, então, que Copérnico tenha relegado uma reelaboração da Astrologia análoga à sua reelaboração da Astronomia a um trabalho posterior, em imitação de Ptolomeu e sua divisão (bipolar?) entre o *Almagesto* e o *Tetrabiblos*? Se foi esse o caso, Copérnico parece nunca ter se dedicado ele mesmo a um "segundo Tetrabiblos".

O "trabalho de seis livros" ao qual Rheticus se refere é o "segundo Almagesto", o *De revolutionibus orbium coelestium* (Sobre as Revoluções das Esferas Celestes), publicado em 1543 em Nuremberg, onde Copérnico defende um modelo heliocêntrico, com muitas das mesmas discussões e exemplos de Pico. Seguindo o estilo matemático de Ptolomeu, Copérnico postulou o modelo heliocêntrico como uma resposta aos problemas do movimento retrógrado e da ordem dos planetas.

No modelo Copernicano, apenas a Lua permaneceu em órbita em torno da Terra, a qual passou a orbitar o Sol junto dos outros planetas, agora apropriadamente ordenados: Mercúrio, Vênus, Terra, Marte, Júpiter, Saturno; já a esfera de estrelas fixas além de Saturno foi mantida.

Um dos seus maiores sucessos foi explicar, de maneira muito mais simples que o modelo Ptolemaico, tanto o movimento retrógrado quanto a variação de velocidade como fenômenos aparentes, frutos da "ultrapassagem" de outros planetas pela Terra ao longo de sua órbita.

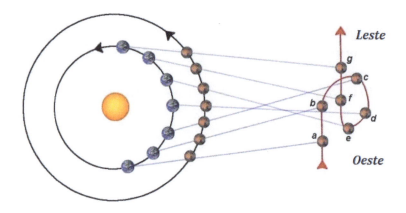

Figura 3.11. O movimento retrógrado de Marte surge como decorrência das órbitas relativas do modelo heliocêntrico, não precisando da complicada estrutura de epiciclos de Ptolomeu. A navalha de Ockham em ação no século 16.

Uma das objeções materiais a Copérnico foi que, se a Terra se move e as estrelas são fixas, por que não se observava um deslocamento aparente das estrelas a partir da Terra? Copérnico corretamente supôs que esse deslocamento, chamado de paralaxe, existe, mas era pequeno demais para ser detectado, indicando que as estrelas estavam muito mais distantes do que imaginado. Essa questão seria atacada novamente por Tycho Brahe e Galileu, mas a primeira medida da paralaxe de uma estrela distante teria que esperar pelo trabalho de Friedrich Bessel, só em 1838 (Figura 3.12).

Como observação final, e ilustrando como a História é escrita e repassada com simplificações e erros, devemos notar que o modelo Copernicano não é totalmente simples e heliocêntrico. Na verdade, Copérnico aboliu as equantes, mas ainda *manteve* as deferentes e as posições excêntricas. O modelo heliocêntrico simples com 7 órbitas circulares, tal como mostrado *ad nauseam* nas escolas, não produziria resultados melhores que os de Ptolomeu, pelo menos até Newton resolver a dinâmica das órbitas que não são círculos. Uma discussão muito interessante e reveladora pode ser apreciada em http://www.astro.iag.usp.br/~rgmachado/other/heliocentrico.html .

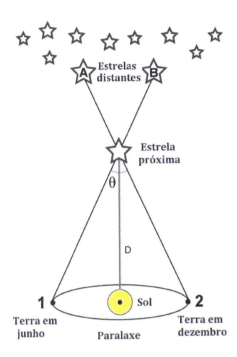

Figura 3.12. Esquema da paralaxe estelar. Desde as posições diametralmente opostas da Terra separadas por 6 meses, algumas estrelas (próximas) aparecem deslocadas respeito das outras (muito mais distantes) no fundo. Este efeito é periódico, já que volta a seu estado original 6 meses depois. O deslocamento é chamado de *paralaxe estelar*.

Copérnico faleceu no mesmo ano da publicação de sua obra. Um manuscrito completo já havia sido produzido até 1541, ano no qual um sumário deste foi publicado por Rheticus. A boa recepção desse sumário finalmente convenceu Copérnico a enviar o texto completo do *De revolutionibus*, publicado em 1543; segundo a lenda, a primeira impressão do livro teria sido apresentada a Copérnico em seu leito de morte. A Revolução Copernicana ainda estava para ser consolidada, e por muito tempo sofreria com ataques tanto Católicos quanto Protestantes; o *De revolutionibus* permaneceu no Index, a lista de livros proibidos da Igreja Católica, até 1758.

Figura 3.13. O modelo heliocêntrico de Copérnico consolidado, em desenho do século XVI

Tycho Brahe e Johannes Kepler

Tycho Brahe e a revolução astronômica

Figura 3.14. No dia 14 de dezembro de 1546 nascia em um lar nobre da Dinamarca Tyge Ottesen Brahe, para nós *Tycho Brahe*.

Embora muito se fale sobre a construção epistemológica do pensamento científico e elaboração de leis teóricas, que já foi bem explorada em seções anteriores, o desenvolvimento de técnicas de observação precisas foi responsável por uma grande revolução na Astronomia e Cosmologia durante o Renascimento. O campo da *astrometria*, que é a medida precisa da posição e movimento dos astros no céu, não está entre os mais "populares" da Astronomia. No entanto, é de fundamental importância para astrônomos e navegadores, e teve grandes nomes como o grego Hiparco e o sultão timúrida Ulugh Beg (1394 – 1449). Com o advento das grandes navegações, a produção de tabelas de *efemérides* cada vez mais precisas era fundamental para os navegadores encontrarem sua posição em alto mar, o que desencadeou uma grande revolução nesse campo. E o maior expoente dessa revolução é Tycho Brahe (1546 - 1601), o maior astrônomo observacional da era pré-invenção do telescópio [Dreyer 2014].

Criado a contragosto de seus pais pelo seu tio Joergen Brahe, Almirante da Armada dinamarquesa e sem filhos, foi mandado aos 13 anos de idade para a Universidade de Copenhague para estudar Direito e Filosofia com o intuito de aprender a administrar o Estado, embora também tenha cursado outras disciplinas como Astronomia.

Em agosto de 1560, enquanto estava em Copenhague, Tycho observou um eclipse solar parcial que o deixou muito impressionado pelo fato de ter sido um fenômeno previsto com exatidão pelos astrônomos, mas que curiosamente despertou nele um grande interesse pela Astrologia, colocando a Astronomia como uma mera coadjuvante.

Dois anos mais tarde, já aos 16 anos, Tycho foi enviado à Universidade de Leipzig para continuar seus estudos em Direito, mas a paixão que havia criado pelo estudo do Cosmos e a possibilidade de predizer o futuro dos homens o levou a continuar realizando observações astronômicas com o intuito de torná-las cada vez mais precisas, criando um registro das mesmas. Tal obstinação por obter medidas precisas dos movimentos dos astros é o que acabaria por passar seu interesse na Astrologia para o segundo plano [Almási 2013].

Ainda em Leipzig, observou uma conjunção entre Júpiter e Saturno, e ao buscar informações sobre a previsão deste fenômeno com base nas tabelas Afonsinas, criadas por astrônomos árabes, e nas tabelas Copernicanas, constatou que havia uma diferença entre a data prevista e a data em que o evento ocorreu que era de cerca de um mês para o primeiro caso e de alguns dias para o segundo.

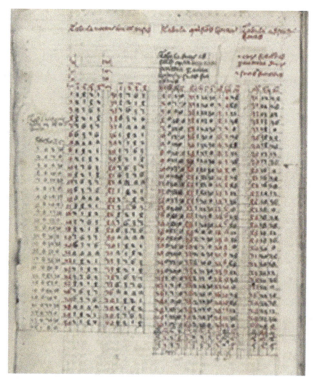

Figura 3.15. Facsímil da Tabela Afonsina.

Tycho se deu conta de que precisava construir novas tabelas com precisões nunca antes obtidas e que para isso precisaria construir instrumentos melhores [Tossato 2022]. Foi a partir da explosão de uma supernova no ano de 1572 que seu trabalho começou a ganhar visibilidade junto à comunidade astronômica. Naquele período, embora o *De revolutionibus* já houvesse sido publicado, a visão Aristotélica de que o Cosmos geocêntrico era dividido entre um mundo sublunar (a distâncias menores do que a da Lua) e um mundo supralunar (além da Lua), onde a Física sublunar não se aplicaria, ainda prevalecia.

Figura 3.16. Alguns instrumentos idealizados e construidos por Tycho Brahe.

Segundo essa ideia Aristotélica, o mundo supralunar, contendo as esferas dos planetas e das estrelas, deveria ser perfeito e imutável. Sendo assim, a supernova de 1572, que parecia-se com uma nova estrela no céu, só poderia ter sido um evento ocorrido no mundo sublunar.

Os instrumentos de Tycho, por outro lado, permitiram medições precisas o suficiente para confirmar a natureza supralunar do fenômeno, evidenciando que o Cosmos além da Lua era, sim, mutável, fato incompatível com o universo Aristotélico mas plenamente compatível com o Copernicano. Essa descoberta foi publicada no ano seguinte em um livro intitulado *De Stella Nova (Sobre a Nova Estrela)*, e lhe rendeu o convite por parte do rei (que muito o estimava, pois havia sido salvo da morte pelo seu tio Joergen) para ministrar aulas na Universidade de Copenhague.

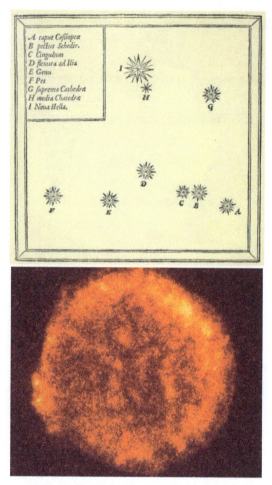

Figura 3.17. Acima: anotações do Tycho da *nova stella I*. Abaixo: o remanescente da SN 1572 observado pelo satélite alemão *ROSAT* em raios X.

Aproveitando-se da fama que havia conquistado, Brahe começou a viajar pela Europa visitando diversos observatórios e encontrando-se com diversos astrônomos. Em 1576, com receio de perder os serviços de astrólogo real de Tycho, o rei Frederico II lhe ofereceu a Ilha de Hven além de recursos materiais para construir um castelo e um observatório. Assim nasceu o Observatório Uranienborg (*O Castelo de Urânia*), o qual acabou também por funcionar como uma escola de Astronomia. Em Uranienborg, Tycho montou uma verdadeira corte, com grandes banquetes e bebedeiras, e tinha até um bobo, o anão Jepp.

Ao perceber que os instrumentos colocados nas torres do observatório eram afetados por condições climáticas como variações de temperaturas e vento, levando a medidas menos precisas, Tycho decidiu construir um observatório subterrâneo, o Stjerneborg (*O Castelo das Estrelas*).

Figura 3.18. Acima: *Uranienborg* hoje. Abaixo: plano da instalação subterrânea *Stjernborg*.

Após a morte do rei Frederico II, Brahe perdeu o apoio financeiro que recebia da corte, levando-o a, em 1597, deixar a Dinamarca, abandonando seus observatórios. Após passar por diversas cidades da Alemanha, em 1599 aceitou o convite do imperador Rodolfo II para se estabelecer em Praga, também com o papel de astrólogo, fazendo previsões para a corte imperial.

Foi aí que Tycho conheceu Johannes Kepler, que passou a ser seu ajudante devido às suas habilidades com a Matemática. Embora os livros tratem Kepler como um discípulo de Brahe, a quem teriam sido confiadas as medidas, alguns relatos contam que na verdade os dois não se davam muito bem por terem ideias diferentes a respeito do cosmos, e que Kepler na verdade só estava interessado nas tabelas para poder provar seus pontos de vista, e por isso se apossou das mesmas depois da morte de Tycho.

Figura 3.19. Tycho e Kepler em Praga.

A divergência entre os dois acontecia porque, apesar das medidas de Tycho favorecerem o modelo Copernicano, ele continuava sendo um geocentrista. O modelo de Tycho era uma tentativa de conciliar o melhor dos modelos de Ptolomeu e de Copérnico, com os planetas girando em torno do Sol, mas este por sua vez girando ao redor da Terra, levando também ao nome de "modelo geoheliocêntrico". Seu modelo continuou a desfrutar de alguma popularidade até o século XVIII, sendo em particular mais palatável à Igreja que o modelo puramente heliocêntrico de Copérnico, quando novas observações confirmariam que a Terra, de fato, se move.

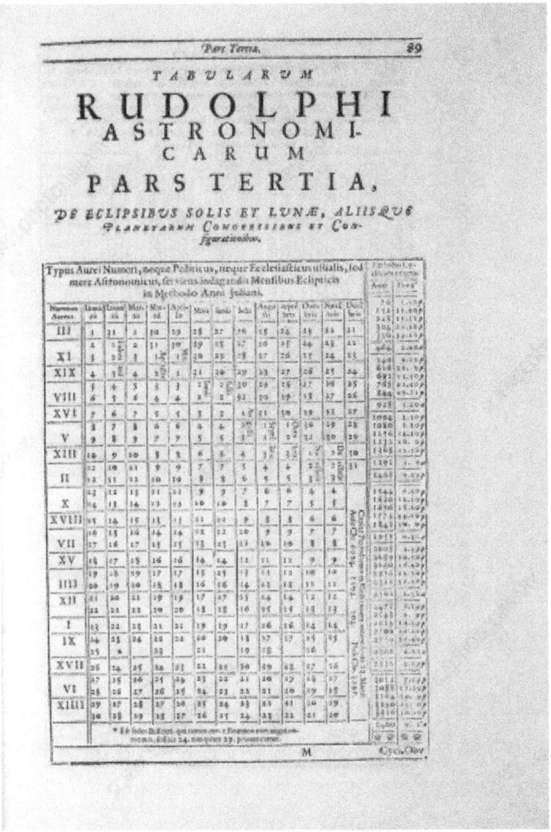

Figura 3.20. Facsímil das Tabelas Rudolphinas.

Após a morte de Brahe em 1601, Kepler se apossou de todos os dados e construiu as tabelas astronômicas chamadas de *Rudolphinas*, já que o projeto era financiado pelo imperador Rodolfo II, e que lhe permitiu deduzir suas famosas leis do movimento planetário, como veremos.

Para além de seu trabalho científico, Brahe também tornou-se famoso por utilizar uma prótese (possivelmente feita de latão) no lugar do seu nariz. Embora haja algumas controvérsias sobre o motivo, acredita-se que em 1566, quando passava um período na Universidade de Rostock, um colega disse ser melhor matemático que Brahe e este o desafiou a um duelo de espadas que resultou na perda do nariz.

Figura 3.21. Tycho e sua nariz de metal.

Embora (ou talvez *devido a*) sua vida pessoal tenha sido marcada por muitas festas, álcool e brigas, a contribuição de Tycho Brahe à Astronomia permitiu uma verdadeira Revolução Científica nos anos seguintes, que culminou no fim dos dogmas Aristotélico e Ptolemaico [Medeiros 2001].

Johannes Kepler: o Legislador dos Céus

Johannes Kepler (1571 – 1630) foi um Astrônomo, Astrólogo e Matemático alemão, formulador das três leis do movimento planetário e considerado o pai da Mecânica Celeste [Gleiser 2006]. Nascido em Weil der Stadt, seu interesse pela Astronomia veio logo cedo, ao observar aos seis anos de idade o grande cometa de 1577 e um eclipse lunar em 1580.

Figura 3.22. Johannes Kepler.

De religião Luterana, Kepler foi estudar Teologia na Universidade Luterana de Tübingen, numa era onde a Europa ainda estava abalada pelos efeitos da Reforma Protestante, iniciada por Martinho Lutero (1483 – 1546) em 1517. Em 1555 havia sido assinada a *Paz de Augsburgo*, que concedeu tolerância aos Luteranos do Sacro Império Romano-Germânico (que apesar do nome, era um retalho de pequenos principados autônomos), e permitia que o príncipe local definisse a religião sobre seus domínios, a Católica ou a Luterana. Dessa maneira, os adeptos de cada confissão poderiam escolher a qual príncipe se sujeitariam. Tal "paz", no entanto, foi marcada por instabilidade, uma vez que o príncipe local de uma confissão poderia ser sucedido por um de uma outra confissão, obrigando os súditos que não a seguissem a se mudar ou a se converter. Essa instabilidade perseguiu Kepler ao longo de toda sua vida. Por outro lado, como Lutero defendia a livre interpretação das escrituras, era necessário uma população letrada, sendo que um dos efeitos da Reforma Protestante, e mais tarde da Contra-reforma Católica, foi facilitar o acesso a educação.

Influenciado pelo seu professor em Tübingen, Michael Maestlin (1550 – 1631), que o apresentou o sistema heliocêntrico, Kepler se tornou um ardoroso defensor do modelo Copernicano. Em 1594, aos 23 anos de idade, ele se tornou professor no Colégio (e depois Universidade) de Graz, Áustria, onde trabalhou ensinando matemática e fazendo horóscopos. Posteriormente, ele teve de se refugiar de Graz justamente por conta de perseguições religiosas, até ser acolhido como assistente de Tycho Brahe.

Mysterium Cosmographicum

Kepler se perguntava: afinal, por que seis planetas? (Mercúrio, Vênus, Terra, Marte, Júpiter e Saturno. Na época, Urano era confundido com uma estrela, e Netuno não podia ser observado). Em um momento de epifania enquanto ensinava em Graz, ele percebeu que polígonos regulares limitavam círculos inscritos e circunscritos em razões regulares. Estendendo o mesmo princípio para 3 dimensões, os sólidos platônicos poderiam ser inscritos e circunscritos pelas esferas celestes que continham cada planeta

Dessa forma, ordenando os sólidos platônicos – octaedro, icosaedro, dodecaedro, tetraedro e cubo – Kepler construiu um modelo em que cada sólido preenche o espaço interno referente a esfera de cada planeta. Kepler demonstrou que havia uma forma única de construir tal arranjo, o qual resulta em raios para as esferas celestes que correspondiam aos raios da órbitas dos planetas com ao menos 90% de precisão – o erro, Kepler atribuiu a imprecisões observacionais.

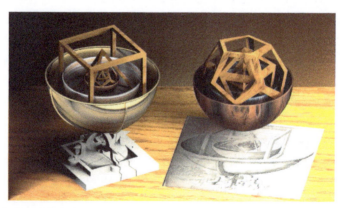

Figura 3.23. Os sólidos platônicos, sucessivamente contidos um pelo outro, como idealizado por Kepler.

Esse modelo foi publicado em 1596 no *Mysterium Cosmographicum* (O Mistério Cosmográfico), onde Kepler propôs-se a revelar a proporção e harmonia da criação divina, assim como bases teológicas para o heliocentrismo, tentando, pela primeira vez desde Copérnico, argumentar que o modelo Copernicano era fisicamente real, e não um mero modelo matemático conveniente. Apesar da inspiração mística, aqui já existe uma preocupação com as *causas* do movimento planetário, não meramente em descrevê-los. Kepler tentou sem sucesso convencer o duque de Watenburg a fazer uma taça de prata com a representação de seu modelo, e enviou cópias do "Mistério" para Galileu e Tycho Brahe, ganhando bastante notoriedade. No entanto, para confirmação definitiva de seu modelo, precisaria de dados astronômicos cada vez mais precisos, o que o levou a procurar Tycho.

Figura 3.24. Monumento recordatório a Kepler e Tycho.

Kepler encontrou Tycho Brahe próximo de Praga em 1600 (eles já trocavam correspondência há alguns anos), onde Kepler analisou os dados astronômicos coletados por Brahe. Após alguns desentendimentos, Kepler voltou para Graz mas acabou sendo expulso por recusar a se converter ao Catolicismo. Kepler se reconciliou com Brahe e trabalhou como seu assistente em Praga, onde dedicaram-se às tabelas *Rudolphinas*, que já mencionamos. A relação entre ambos foi bem conturbada por conta dos temperamentos difíceis de cada um. Kepler não se sentia bem com a vida de banquetes e extravagâncias na "corte" de Tycho, e este não permitia a Kepler acesso a todos os dados coletados, com medo de deste utilizá-los para comprovar o sistema heliocêntrico, e não o de Tycho. Apesar dessa relação, a parceria entre um grande observador e um grande matemático gerou muitos frutos para a Astronomia.

Astrônomo e Astrólogo Imperial

Após a morte súbita de Tycho Brahe em outubro de 1601, Kepler assumiu seu posto como Astrônomo e Astrólogo imperial, elaborando horóscopos para aconselhar o imperador e nobres da corte. Nesta época escreveu o tratado *Astronomiae Pars Optica (A Parte Óptica da Astronomia)*, de 1603, hoje considerado como um dos textos fundamentais da Óptica moderna, onde, a partir de uma teoria corpuscular da luz, estudou efeitos da refração atmosférica, enunciou a lei do inverso do quadrado da distância para luminosidade e fez uma descrição do olho humano, em que percebe que as imagens são captadas invertidas. Também em 1604 observa uma supernova (SN 1604), que hoje é associada a seu nome.

Dentre os vários elementos fundamentais da Óptica estabelecidos por Kepler esteve a ideia dos raios de luz: a luz flui para longe de fontes pontuais ao longo de um número infinito de linhas retas, os raios, em todas as direções. Ademais, toda fonte extensa (como o Sol) pode ser tratada como um conjunto de fontes pontuais. Sob essas assunções, problemas de Óptica tornam-se uma questão de traçar raios de luz a partir de fontes, através de diferentes meios (como lentes), até o observador. Temos aqui a fundação da Óptica Geométrica em uma forma já muito reconhecível para o leitor moderno.

Figura 3.25. Ilustrações sobre os olhos humanos, em *Astronomiae Pars Optica*.

Figura 3.26. O remanescente da SN 1604 em um mosaico de várias observações contemporâneas.

Astronomia Nova e a Primeira e Segunda Leis do movimento planetário

Após anos estudando os dados de Tycho Brahe, especialmente sobre a órbita de Marte, Kepler publicou em 1609 o *Astronomia Nova*, em que enunciou as duas primeiras leis do movimento planetário,

> *1ª Lei, ou Lei das Órbitas*: Os planetas se movem ao redor do Sol em órbitas elípticas, com o Sol ocupando um dos focos da elipse.

> *2ª Lei, ou Lei dos Períodos*: A linha que liga os planetas ao Sol varre áreas iguais em tempos iguais.

É importante frisar que a segunda lei foi descoberta em 1602, antes da primeira, descoberta em 1605. Kepler tentou descrever a órbita de Marte utilizando primeiro círculos, o que se demonstrou deveras complicado, depois uma curva oval e por fim as conhecidas elipses. Também especulou sobre uma *força motriz imaterial* emanada do Sol que poderia ser de natureza magnética, na visão da época. A *Nova Astronomia* é praticamente um relato pessoal de Kepler e sua batalha contra a órbita de Marte, que recebe o nome do deus da guerra romano, em que o astrônomo efetuou um esforço sobre-humano fazendo cálculos muito exaustivos à mão. O livro foi finalizado em 1606, mas só foi publicado em 1609 por conta de disputas com os herdeiros de Tycho sobre a posse dos dados astronômicos.

O Nova Astronomia foi um dos produtos mais importantes da Revolução Científica. Não só reforçou ele o modelo heliocêntrico, como também a preocupação com a descrição precisa do movimento em geral, e do movimento dos astros em particular, que culminaria quase um século mais tarde com o trabalho de Newton. Kepler aqui também reaviva a discussão sobre a natureza da força que age entre corpos celestes, a Gravitação, a qual ele também identifica com a força que mantém as diferentes partes da Terra unidas, mesmo quando ela se afasta do centro do universo, o seu "lugar natural" Aristotélico.

Harmonice Mundi, Terceira Lei e a Música das Esferas

À publicação do Astronomia Nova seguiu-se um novo período conturbado na vida de Kepler. Em 1611, em meio a caos político no Sacro Império, sua esposa e um de seus filhos falecem, e, em 1612, com a morte de Rodolfo II, deixou Praga pela cidade de Linz, Áustria. Nos anos seguintes, Kepler produziu o *Epitome Astronomiae Copernicanae* (Epítome da Astronomia Copernicana), um livro didático onde expõe seu próprio modelo heliocêntrico, começando com a publicação de um primeiro volume em 1617. O trabalho foi atrasado, entretanto, não só pela proibição Católica de livros Copernicanos como também pela eclosão, em 1618, da Guerra dos Trinta Anos, que só terminaria 18 anos após sua morte. Adicionando a seus problemas, em 1615 Kepler famosamente teve que defender sua mãe, Katherina Guldenman que era curandeira e herborista, contra acusações de bruxaria. Aprisionada em 1620, só em 1621 Kepler conseguiria libertá-la, seis meses antes de sua morte em função do desgaste sofrido no cárcere. Foi também nos anos de 1620 e 1621 que foi completado o Epitome, com a respectiva publicação de seus segundo e terceiro volumes, considerado o primeiro livro texto moderno de Astronomia.

Paralelo ao processo de sua mãe, Kepler escreveu o *Harmonice Mundi* (Harmonia do Mundo), publicado em 1619. Neste livro é retomada a ideia de proporções nas órbitas planetárias de *Mysterium*, a qual é levada ao extremo pela tradição pitagórica de música das esferas, em que chega a escrever a "música" executada por cada planeta em sua órbita em torno do Sol. É aqui também que Kepler completou o conjunto moderno das Leis de Kepler com sua Terceira Lei, uma relação entre a distância média dos planetas ao Sol e seu período (e velocidade) orbital: o quadrado do período orbital P é proporcional ao cubo do raio orbital médio a (semi-eixo maior). Em notação moderna,

$$P^2 \propto a^3 \tag{3.1}$$

A motivação de Kepler para o expoente 3/2 veio da escala quinta de Pitágoras, refletindo o foco musical da obra. Quase cem anos mais tarde, a Terceira Lei seria revelada como consequência direta da Gravitação Universal de Newton, não uma consequência mística da natureza musical do Cosmos, emergindo como relação necessária para qualquer força da forma de Hooke, $F \propto r^{-2}$.

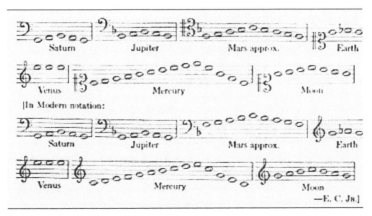

Figura 3.27. A música das Esferas no pentagrama.

Últimos anos e outros trabalhos

Kepler realizou outros trabalhos em Física e Matemática, com destaque para *Strena Seu de Nive Sexangula* (Um Presente de Ano Novo de Neve Hexagonal), de 1611, sobre a forma hexagonal dos flocos de neve, em que partindo de premissas atomísticas, ele conclui que a forma hexagonal é a mais eficiente para empacotar esferas, o que ficou conhecido como *conjectura de Kepler*. Também foi pioneiro no uso dos recém criados logaritmos (Napier, 1614) em seus cálculos. Outro destaque é *Somnium (O Sonho)*, escrito em 1608 mas só publicado postumamente em 1634, uma novela de ficção científica em que narra uma viagem à Lua, como maneira de discutir astronomia feita de fora da Terra. Por fim, finalmente terminou as tabelas Rudolphinas, que, após uma disputa com os familiares de Tycho Brahe, publicou em 1627. Kepler morreu em Ragensburg, no ano de 1630. Segundo Carl Sagan, Kepler foi "O primeiro Astrofísico e o último Astrólogo científico" [Sagan 1980].

Giordano Bruno: visionário e mártir

Filippo Bruno (1548 - 1600) nasceu na cidade de Nola, então Reino de Nápoles, hoje Itália. Aos dezessete anos, ingressou no convento Dominicano de San Domenico Maggiore, assumindo o nome de Giordano Bruno. Durante a vida, estudou Teologia, Filosofia e Matemática, além de ser poeta e teórico de Cosmologia. Muitos alegavam que Giordano Bruno era uma pessoa difícil de se lidar, sendo considerado arrogante e prepotente - problemas que, mais tarde, levaram-no ao seu triste fim pela Inquisição.

Figura 3.28. Giordano Bruno.

Giordano Bruno, seguindo as ideias de Copérnico, defendia uma visão heliocêntrica do mundo, indo contra também as próprias doutrinas religiosas da época, fundamentadas no Aristotelianismo. Mas, principalmente, ele acreditava, assim como Nicolau de Cusa, que o Universo seria *infinito*. Sendo infinito, o Universo *não poderia ter um centro*, e portanto, nem o Sol nem a Terra poderiam estar nesse centro inexistente. Dessa forma, Bruno rompia de vez com a Cosmologia Aristotélica, que idealizava um Universo geocêntrico, finito e único [Knox 2019].

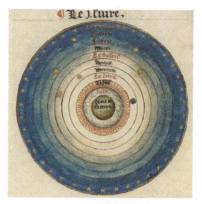

Figura 3.29. Representação do modelo geocêntrico de Ptolomeu (1549)

Cosmologia de Giordano Bruno: o Universo e a vida

A hipótese heliocêntrica ia contra os argumentos aristotélicos de que o Cosmos precisava ser finito, pois, caso contrário, as regiões mais periféricas do Universo infinito girariam infinitamente rápido ao redor da Terra. Segundo Bruno, a aparente rotação das estrelas seria uma mera ilusão, devido ao movimento de rotação da Terra em torno do seu eixo, enquanto também girava ao redor do Sol. O Universo não era mais um globo finito composto de esferas concêntricas, mas sim ilimitado e homogêneo, e *abundante* em sistemas solares como o nosso.

Além disso, Bruno também acreditava que tudo - desde as estrelas no céu, as rochas no chão e, evidentemente, nós seres humanos, tínhamos uma alma. Aliás, seriam essas almas (animadas e inteligentes) que provocavam o movimento ordenado dos corpos celestes e a "interação" entre o Sol e a terra (solo):

> *"Das terras, os sóis absorviam exalações vaporosas. Em troca, o sol produzia a luz e o calor que as terras, como "animais", precisavam para abrigar os seres vivos."*

O Renascimento e a Revolução Científica

Levando em conta essa hipótese de um mundo repleto de almas, Giordano Bruno também imaginou que em cada um dos "corpos principais" - como ele se referia às estrelas – deveriam existir outras vidas, e algumas delas talvez até mais inteligentes que nós. Nesse sentido, relembrava novamente as ideias propostas por Nicolau de Cusa quase 200 anos antes.

Assim, ao afirmar que o Cosmos era infinito e repleto de vida, Giordano Bruno ia contra toda a doutrina tradicional Aristotélica de distinguir firmemente entre o Cosmos sublunar e o supralunar. Para os acadêmicos Aristotélicos, tudo que estivesse entre o centro do Universo - na visão geocêntrica o centro da Terra - e a Lua seria composto pelos quatro elementos: água, terra, fogo e ar, além de serem mutáveis e corruptíveis. Já a região supralunar seria formada inteiramente pela quintessência - o éter, sendo eterno e estável. Um fato que colaborou para essa visão emergente de que os céus eram mutáveis foi o aparecimento da supernova de 1572, como vimos com Tycho.

O atomismo segundo Giordano Bruno

Giordano Bruno baseou sua visão atomista no Pitagorismo e nas doutrinas elementares de Nicolau de Cusa. Para Bruno, o mundo seria formado por dois elementos materiais – terra e água –, e dois elementos imateriais – espírito e alma. Por "terra", Bruno queria referir-se aquilo que podemos considerar como os **átomos**, corpos adimensionais ("com centro que coincide com a circunferência") e indivisíveis. A água, por sua vez, era contínua e responsável por ligar um átomo a outro. A alma também teria a função de agregar os átomos, mas também impondo-lhes movimento e "identidade", enquanto o espírito seria um meio pelo qual as almas são transportadas. O pensamento de Bruno é uma mistura indissolúvel de raciocínio objetivo e misticismo religioso.

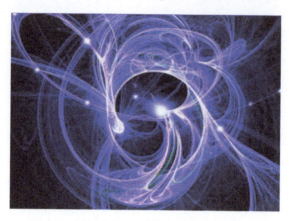

Após 1590, Bruno já havia se tornado um acadêmico sem academia, e atacava com humor sarcástico o pedantismo dos tradicionalistas de Oxford. Defendendo uma teoria cosmológica e um atomismo que iam contra os dogmas religiosos de sua época, Giordano Bruno, quando foi delatado e capturado pela Santa Inquisição em 1593, foi acusado de heresia e blasfêmia principalmente por suas ideias filosóficas e teológicas opostas às doutrinas do Catolicismo, como:

- *sustentar opiniões contrárias à fé católica sobre a Trindade, a divindade de Cristo e a encarnação;*
- *sustentar opiniões contrárias à fé católica sobre Jesus como Cristo;*
- *sustentar opiniões contrárias à fé católica sobre a virgindade de Maria, mãe de Jesus;*
- *reivindicar a existência de uma pluralidade de mundos e suas eternidades;*
- *acreditar na transmigração da alma humana e;*
- *envolvimento com magia e adivinhação.*

Por 8 anos, Giordano permaneceu preso e sob julgamento. Durante os diversos encontros que teve com as autoridades, Bruno foi orientado a abjurar de suas afirmações e jurar lealdade à Igreja. Porém, em todas as ocasiões, ele sempre apresentava depoimentos escritos em que tentava defender suas teses. Um exemplo de coerência e integridade intelectual a ser lembrado.

Bruno estava ciente de sua condição, e em sua *Epistola Proemial* dirigida ao ilustríssimo senhor Michel de Castelnau, na obra De l'infinito, universo et mondi (*Sobre o infinito, Universo e os Mundos*), de 1584, escreveu:

> "Mas por ser eu delineador do campo da natureza, solícito com o pastorear da alma, errante pela cultura do espírito e dedicado aos hábitos intelectuais, eis que o visado me ameaça, o observado me assalta, o atingido me morde e o incluído me devora. E não é apenas um, não são poucos, e sim muitos, quase todos. Se quiserdes entender a razão disso, digo-vos que o motivo é a universalidade que me desagrada, o vulgo que odeio, a multidão que não me contenta. Somente de uma coisa que enamoro: aquela pela qual o sou livre na sujeição, contente nas penas, e rico coma carência e vivo na morte. Aquela em virtude da qual não invejo os que são servos na liberdade, sofrem no prazer, são pobres na riqueza e mortos em vida, pois no próprio corpo possuem as cadeias que os prendem e no espírito o inferno que os deprime; na alma o erro que os debilita; na mente, o letargo que os mata, por não existir magnanimidade que os liberte bem longanimidade que os eleve, esplendor que os ilustre ou ciência que os a vive."

G.Bruno [2002]

Figura 3.30. Placa de bronze mostrando o julgamento de Giordano Bruno. Ettore Ferrari (1845-1929) Campo de' Fiori, Roma.

Foi dessa forma até o dia 20 de janeiro de 1600, quando o Papa Clemente VIII ordenou que todas as obras de Bruno fossem colocadas no Index, e que ele fosse entregue às autoridades seculares de Roma para as devidas condenações.

No dia 17 de fevereiro de 1600, Giordano Bruno foi levado ao Campo de' Fiori, onde foi despido, amarrado a uma estaca e queimado vivo.

Figura 3.31. Estátua de Giordano Bruno, erguida na praça Campo de' Fiore, em 1889.

Convidamos os viajantes que passem por Roma a beber uma taça de vinho no Campo de'Fiori à saúde de Bruno, visionário e antecessor de todos os cosmólogos do mundo.

A Física nos começos do século XVII

Galileu Galilei

Galileu Galilei: A Física

Galileu nasceu em Pisa, Itália, (mais precisamente, no *Borgo Stretto*) em 15 de fevereiro de 1564. Com 16 anos de idade, entrou na Universidade de Pisa, matriculado em Medicina, porém nunca se formou. Mais interessado na Matemática e no mundo físico, Galileu tornou-se professor de Matemática. Em 1592, ganhou uma cátedra de Matemática na Universidade de Pádua. No seu trabalho começou-se associar à estrutura da matéria os conceitos de *massa* e *inércia* [Machamer e Miller 2021], com reconhecimento explícito para o trabalho pioneiro de Jean Buridan. Vejamos a obra de Galileu em algum detalhe.

Figura 3.32. Galileu Galilei por Justus Sustermans (1597–1681).

Foi no decorrer dos anos em Pádua, que Galileu conseguiu estender suas pesquisas e passar dos experimentos em dinâmica para as suas mais importantes descobertas em Astronomia, através da observação direta dos astros com telescópios de sua própria fabricação. Chegando na cidade apenas dois meses após Giordano Bruno tê-la deixado para ser denunciado à Inquisição, Galileu encontrou em contraste um ambiente excelente, de ampla liberdade garantida pela República de Veneza a todos os estudiosos.

Dentre os professores da Universidade, o professor de Matemática era o que ganhava menos. Isso obrigava Galileu a dar aulas particulares para grupos de alunos, a realizar outros trabalhos como fabricar instrumentos de medição (esquadros, compassos, bússolas) e até mesmo fazer *previsões astrológicas*. Em uma delas, Galileu previu que a vida do Grão-Duque da Toscana, Ferdinando I de' Medici, seria longa, mas o doente morreu em uma semana... [Morris 2017].

Figura 3.33. O *Borgo Stretto* de Pisa, lugar natal de Galileu.

Assim como os demais pensadores da época em Pádua, Galileu também era crítico da Filosofia Natural Aristotélica. Podemos dizer que seu principal mérito ao estudar o movimento dos corpos foi o de *destronar* as categorias físicas Aristotélicas.

Por volta de 1590, Galileu escreveu uma obra intitulada *De Motu* (Sobre o Movimento). A primeira parte deste manuscrito trata da matéria terrestre (*sublunar*). Esta possui dois "princípios" que dão origem ao seu movimento natural: peso (*gravitas*, na terra e na água) e leveza (*levitas*, no ar e no fogo). Galileu, em contrapartida, argumenta que existe apenas uma causa do movimento "natural" – *o peso* (os corpos se movem para cima não porque tenham uma leveza natural, diz ele, mas porque são deslocados ou expelidos por outros corpos mais pesados que se movem para baixo, a exemplo da flutuação de uma madeira). Ainda mais, Galileu *não subscreveu* essa classificação milenar Aristotélica, e redefiniu o que entendia como "movimento natural". Na sua visão há outra forma de ver a Dinâmica na qual estas categorias, em última instância, são irrelevantes.

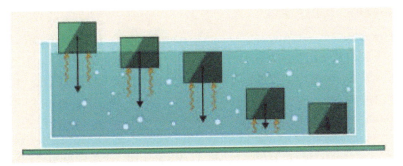

Figura 3.34. A flutuação de um corpo estudada por Galileu, retomando o problema de Arquimedes.

Esse assunto deixou Galileu com um problema a resolver: o que é o peso e como ele pode ser descrito?

Galileu rapidamente percebeu que as caracterizações existentes eram insuficientes e então começou a explorar como o peso poderia estar relacionado à *gravidade específica*; isto é, os pesos relativos de corpos com mesmo volume (ou seja, as densidades relativas). Porém, ele não conseguiu descobrir — e esta foi provavelmente a razão pela qual ele nunca publicou *De Motu* — essa caracterização *precisa* do peso. Parecia não haver maneira de encontrar uma medida padrão de peso que funcionasse em diferentes substâncias. Neste ponto, ele não tinha um substituto útil para a ideia de *gravidade A*ristotélica.

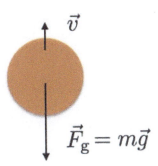

Figura 3.35. Representação moderna da força do peso sobre uma massa.

O que está por trás do peso? Qual efeito gera essa característica aos corpos? Galileu não chegou a formular a ideia de *campo gravitacional*.

A queda livre e o plano inclinado

Um pouco mais tarde, em sua versão manuscrita de 1600 de *Le Meccaniche* (Sobre a Mecânica), Galileu introduziu o conceito de *momento*, uma "quase-força" que se comunica a um corpo em um instante, e que é de alguma forma proporcional ao peso ou gravidade específica. Note-se que o momento Galileano, conceito herdado de Buridan mas só agora formalizado, $p=mv$ será a quantidade cuja mudança temporal é a base da Dinâmica de Newton. Entretanto, apesar de em tantos aspectos deixar a Física Aristotélica para trás, Galileu ainda preserva a ideia de que o momento é uma quantidade *causadora do movimento*, tal como Buridan e seus antecessores.

Em sua obra final publicada em 1638, o *Discorsi e dimostrazioni matematiche intorno a due nuove scienze* (Discursos e demonstrações matemáticas sobre duas novas ciências, ou simplesmente Duas Novas Ciências), Galileu apresenta seus estudos sobre a *aceleração* ao longo de um plano inclinado e sua maneira de pensar nas mudanças que a aceleração traz para o momento. No entanto, os detalhes de como tratar adequadamente o peso e o movimento lhe escapavam.

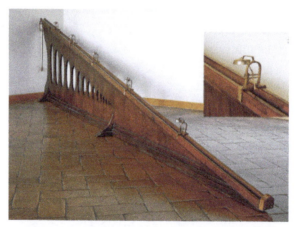

Figura 3.36. Planos inclinados usados por Galileu. Museo Galileo, Florença, Itália.

Estudando os planos inclinados, Galileu chegou empiricamente a um de seus resultados mais relevantes, a *Lei da Queda Livre:* um corpo em queda livre a partir do repouso percorre uma distância *proporcional ao quadrado do tempo transcorrido*. Galileu também percebeu que a componente vertical do movimento das bolinhas no plano inclinado era a mesma que a de uma bola em queda livre vertical, quando estavam numa mesma altura. Ou seja, percebeu a *independência das componentes* do movimento.

A princípio, Galileu tentou representar esse comportamento com uma relação velocidade-distância e a relação "média proporcional equivalente". Sua definição posterior (e correta) de *aceleração* dependente do tempo foi um *insight* obtido através do reconhecimento do significado físico dessa relação. E também chegou a enxergar que o *tempo* da queda *não depende do objeto* (desde que sejam de formas similares). Esta universalidade da queda livre é o cerne do *Princípio de Equivalência* que seria formulado muito mais tarde (segundo a famosa lenda, Galileu subiu à torre de Pisa para comprovar publicamente esta hipótese; infelizmente a lenda não pode ser confirmada, mas não teria nada de estranho...).

> *"[...] cheguei à conclusão de que em um meio totalmente desprovido de resistência todos os corpos cairiam com a mesma velocidade."*
> [Galilei 1638]

Figura 3.37. Um dos experimentos mais famosos da história da Física, que nem sabemos se efetivamente aconteceu. Em qualquer caso, está bem documentado que Galileu idealizou a *universalidade da queda livre*, independentemente de ter ou não efetuado o experimento.

Outra importante contribuição de Galileu foi a constatação da "isocronia do pêndulo", isto é, que o movimento oscilatório do pêndulo não dependia do peso pendurado, nem da amplitude do afastamento inicial do equilíbrio, mas apenas do comprimento da corda L que o suporta. Outra lenda conta que, para chegar a essa conclusão, Galileu mediu o período da lâmpada pendurada do teto da Catedral de Pisa enquanto ouvia a missa, utilizando seu próprio pulso como relógio, para depois comparar com pêndulos "curtos" no laboratório com diversas massa penduradas, as quais *não faziam diferença*.

Figura 3.38. A lâmpada central da Catedral de Pisa.

Em notação moderna, o comportamento obtido por Galileu é

$$\text{Período} \propto \sqrt{\frac{L}{g}}, \qquad (3.2)$$

segundo a dinâmica de Newton. O pêndulo foi estudado desta forma pela primeira vez por Huygens, como veremos em breve. Na Equação 3.2 L representa o comprimento e g a aceleração da gravidade.

Estudos do movimento

Galileu foi também pioneiro na questão das *transformações de coordenadas*, utilizadas para descrever o movimento de dois sistemas – um em movimento em relação ao outro. No caso da velocidade relativa constante (V do trem na Figura 3.39), Galileu percebeu que:

1) as leis da Física são *as mesmas* para os observadores em ambos os sistemas de coordenadas (x, t) e (x', t').

2) os dois sistemas compartilham o *mesmo tempo*.

Em outras palavras, todas as fórmulas terão a *mesma forma* matemática se aplicada a transformação:

$$x' = x - Vt \, , \quad (3.3)$$

$$t' = t \quad . \quad (3.4)$$

Esta propriedade é conhecida como *invariância Galileana*.

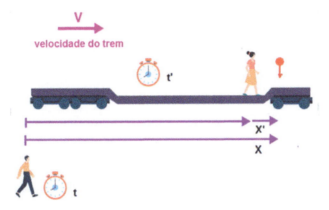

Figura 3.39. Representação das diferença de referenciais entre dois observadores.

Veremos em breve que as leis de Newton são invariantes Galileanas, e no Capítulo 4 como a reformulação dessas ideias foi essencial para iniciar-se uma revolução no nosso entender sobre o mundo, a partir dos trabalhos de Lorentz e Einstein. Galileu foi o primeiro que entendeu e quantificou o conceito de inércia, através de um argumento simples mas correto e que tem por trás esta ideia, considerando um navio desde o qual um objeto é solto. A objeção da Antiguidade era que, se a Terra se movimentasse, o objeto ia cair longe da base do mastro, mas Galileu percebe que:

> "Enquanto o navio está parado, os movimentos dos objetos materiais ocorrem de maneira normal. Então faça o navio se mover com a velocidade que você quiser, desde que o movimento seja uniforme e não flutue de um jeito ou de outro. Você não será capaz de discernir a menor alteração em todos os efeitos mencionados, nem poderá deduzir por qualquer um deles se o navio se move ou está parado..."
> [Galilei 1632]

Estava formulada assim a *Relatividade Galileana*.

Figura 3.40. Exemplificando o exercício mental de Galileu. O objeto solto a partir do mastro está em repouso em relação ao navio, e portanto não há distinção entre sua queda para um navio parado ou em movimento em relação à costa. Tal ideia era contraintuitiva para a física Aristotélica, onde o objeto solto não poderia continuar a se mover com o navio ao perder contato com este ou a pessoa no mastro.

Muito se discute sobre o quanto os resultados de Galileu, principalmente aqueles referentes ao plano inclinado, são frutos de experimentalismo e quantos são frutos de raciocínios matemáticos. Autores como Alexandre Koyré e Maurice Clavelin declaram que os aparatos usados por Galileu eram muito rudimentares para que conseguissem o grau de precisão que o mesmo disse ter obtido.

> "*A própria perfeição de seus resultados é uma rigorosa prova de sua inexatidão.*"
> [Koyré 1991]

Márcio dos Santos, por outro lado, discute como o físico usou de *idealização* para chegar em seus resultados. Como definido por ele mesmo:

> "*Aqui o termo idealização pode ser entendido simplesmente como uma operação epistemológica pela qual se excluem ou ignoram certos dados de observação empírica, como as irregularidades e impedimentos da realidade física, para induzir às conclusões desta mesma realidade em ambientes livres dos erros que apresenta.*"
> [dos Santos 2018]

Em resumo, Galileu, em seu trabalho na Física, abre o caminho para uma nova Mecânica, criticando Aristóteles, expandindo o conhecimento sobre o movimento e criando novos conceitos (como o *momento* e as *transformações* de coordenadas) que virão ser fundamentais no futuro imediato da Ciência do século XVII, principalmente para a revolução científica liderada pela obra de Isaac Newton [de Oliveira 2022].

Galileu é considerado unanimemete como o fundador da Astronomia moderna. Sua obra nos fundamentos do movimento é também fundamental. Profundo conhecedor da obra de Aristóteles e fortemente inspirado pelo trabalho de Copérnico, Galileu Galilei delineou os fundamentos pelos quais a metodologia científica passou a se desenvolver. Em particular não se preocupou com a natureza da matéria, mas com o uso do telescópio concluiu que a Lua, pelas imperfeições que apresentava em sua superfície, não era como descrita por Aristóteles (lisa, polida e feita de um material incorruptível – o éter), parecendo ser feita de matéria tão vulgar quanto a encontrada na Terra. Com este instrumento ele viu multiplicar a dimensão do Universo até então concebido, atribuindo espacialidade a distribuição das estrelas. Percebeu estruturas e comprovou o que havia sugerido Demócrito séculos antes: a Via Láctea seria composta de inúmeras estrelas [Machamer 1998].

Galileu Galilei: A Astronomia

Além das contribuições de Galileu para a Física, que lhe conferiram um papel importante na História da Ciência, ele também foi uma figura fundamental no nascimento da Astronomia moderna, como mostraremos adiante.

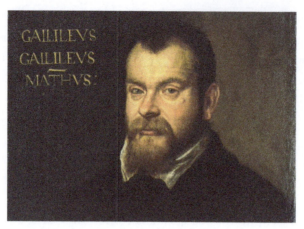

Figura 3.41. Galileu Galilei nos seus anos de Professor em Padova.

Em 1608, enquanto estava em Padova, Galileu soube da patente do telescópio que tinha sido feito por Hans Lippershey (1570 - 1619), na Holanda. De imediato conseguiu lentes em Veneza e começou a produzir sua própria versão do instrumento.

Figura 3.42. Galileu mostra o *cannocchiale* para o Doge de Veneza em 1609.

Os telescópios (lunetas) de Galileu chegaram a atingir um aumento de mais de 20x, mas como se tratavam de instrumentos refratores, sofriam efeitos de aberração cromática e outros defeitos que limitavam sua resolução. Percebendo as aplicações militares que seriam possíveis com seu instrumento, Galileu o apresentou à Corte de Veneza. No entanto, sua decisão mais importante foi apontá-lo para o céu.

Figura 3.43. Uma das versões do *cannocchiale* de Galileu. Nem todos foram conservados.

O Doge, dirigente máximo da República, ficou muito impressionado com o telescópio que permitia ver a alguns quilômetros de distância e concedeu um salário a Galileu 10 vezes maior do que recebia até então. Seu prestígio disparou e com isso passou a ministrar aulas na Sala Magna de Padova, além de reservar tempo para suas observações do céu.

Figura 3.44. O estrado da Sala Magna utilizado por Galileu. Fotografia de Rodrigo Rosas Fernandes.

A postura científica de Galileu neste período pode ser exemplificada por sua frase: "Meça o que pode ser medido e torne mensurável o que ainda não pode".

A Lua e os céus vistos por Galileu

Uma das primeiras observações de Galileu com o *cannocchiale* (ou luneta Galileana) foram as *crateras* e *vales* da Lua. Embora não seja necessário um telescópio para isto, já que Plutarco e outros filósofos haviam escrito a respeito destas estruturas sem a utilização de quaisquer instrumentos, a utilização do mesmo fez inegável a irregularidadeda superfície lunar. De fato, Galileu concluiu que a Lua deveria ter montanhas para explicar as observações que fez.

Curiosamente, a Igreja não criou grandes problemas para aceitar a irregularidade da Lua, embora a defesa Galileana do sistema heliocéntrico não tenha tido a mesma sorte. As duas questões foram discutidas no livro *Sidereus Nuncius* (Mensageiro Sideral) de 1610.

Figura 3.45. A Lua tal como foi descrita por Galileu no *Sidereus Nuncius* (1610).

Galileu observou diversas regiões do céu e enxergou estrelas fracas que eram visíveis somente com a luneta. O seu desenho das Plêiades, um aglomerado de estrelas localizado na constelação de Touro e já bem conhecido pelas civilizações antigas, exemplifica estas observações ao incluir diversas outras estrelas não visíveis a olho nu (desenho da própria mão de Galileu, abaixo). Sua luneta provavelmente permitiu a Galileu a observação de Netuno, que não é visível à olho nu, que na época ainda teria sido confundido com uma estrela, como já havia acontecido com Urano [Kowal e Drake 1980].

O Renascimento e a Revolução Científica

Figura 3.46. As Pléiades desenhadas por Galileu tal como as via no *cannochiale*.

Galileu, no entanto, não se limitou a utilizar seu telescópio para contar e classificar estrelas. Nas suas próprias palavras: "havia coisas muito mais importantes para fazer com o *cannocchiale*". Sem dúvida o seu trabalho mais relevante e de maior alcance foi a descoberta e observação das luas gigantes de Júpiter (hoje chamadas de G*alileanas*). A sequência completa das observações com a posição das "estrelinhas" pode ser vista na imagem abaixo [Cuzinatto, Morais e Naldone de Souza 2014].

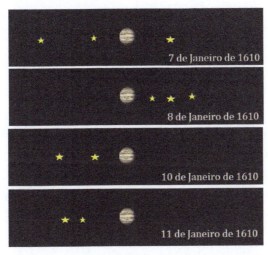

Figura 3.47. Sequência de observações por Galileu das luas gigantes de Júpiter, indicadas pelas estrelas. Devido à ocultação por Júpiter, as quatro não são simultaneamente visíveis nessas imagens.

Embora Galileu tenha pensado inicialmente que se tratavam de estrelas fixas (distantes), não demorou para perceber que as mesmas mudavam de posição. Suas observações levaram a concluir que estes objetos giravam em torno de Júpiter, e que o "sumiço" ocorria quando passavam atrás do planeta. Estas descobertas romperam de forma definitiva com as *esferas celestes Aristotélicas* e mostravam corpos que orbitavam em torno de outros que não o Sol ou a Terra.

Figura 3.48. De esquerda a direita na figura de baixo: Júpiter, Io, Europa, Ganimedes e Calisto (nomes dados aos satélites pelo astrônomo alemão Simon Marius (1614), Galileu os chamou *astros mediceanos*).

As manchas solares

Galileu também fez uma importante contribuição ao estudo do Sol, com suas observações das *manchas solares*. Segundo a teoria aristotélica não poderiam existir "manchas" em um objeto celeste, pois estes eram considerados perfeitos. Galileu usou para estas observações um *heliógrafo*, baseado na *câmara escura* que já havia sido utilizada por Leonardo da Vinci e outros.

Figura 3.49. Esquerda: Desenho do jesuíta Scheiner em *Tres Epistolae de Maculis Solaribus Scriptae ad Marcum Welserum*, enquanto ficou em debate direto com Galileu. Direita: O helioscópio de Scheiner e Galileu com a imagem do Sol formada na placa inferior.

O painel à esquerda na Figura 3.49 mostra os desenhos originais do astrônomo alemão Christoph Scheiner (1573 – 1650) enviados para Galileu, que observou o trânsito das manchas assim como o aparecimento e sumiço de várias delas, descartando a hipótese de que fossem planetas solares, tal como defendia Scheiner. O próprio Sol era assim tão "imperfeito" quanto a Lua, não era nada especial ou diferente.

As descobertas e, ainda mais, a *atitude* de Galileu o enquadram perfeitamente como o pai da Astronomia moderna, a que hoje praticamos. O *cannocchiale* (luneta) nos parece hoje um instrumento precário e cheio de problemas, mas o salto tecnológico que ele representou à época paira em todos e em cada um dos desenvolvimentos instrumentais que fazemos atualmente. Vale mencionar que, em 1611, após o trabalho de Galileu com o cannocchiale, Kepler publicou um segundo trabalho de Óptica, o *Dioptrice*, trabalho seminal do estudo de lentes [Westfall 1977].

Há um *antes* e *um depois* de Galileu na Astronomia, e na nossa forma de ver os céus e o próprio Universo. Ele respondeu parcialmente à nossa pergunta: *do que é feito o Universo?* O Universo está feito do mesmo material que a Terra e nós mesmos estamos feitos, uma hipótese impensável dentro do dogma de Aristóteles que dominou a Ciência por dois milênios.

Descobertas e pensamentos revolucionários levaram Galileu a sofrer um processo por parte da Igreja, como pode ser visto em detalhe em diversos trabalhos como, por exemplo, [Naess 2001]. Galileu conseguiu driblar a execução e morreu cego e isolado, em 1642, mas declarando que a Terra *"eppur si mouve" (ainda assim, se move).*

Os primórdios da Física dos Fluidos

Leonardo da Vinci

Quando formos olhar os primórdios do estudo moderno dos fluidos, veremos que existem vários estudos pioneiros no século XVII que prepararam o terreno para desenvolvimentos formais que finalizam com a grande síntese clássica de Navier e Stokes no fim do século XIX. Esta longa sequência de trabalho que tinham-se iniciado antes com Arquimedes e os gregos foi continuada no Renascimento por Leonardo da Vinci (1453 – 1519), nativo da região da Toscana, atual Itália, o grande gênio polifacético da época e que precede em mais de um século a Bruno, Galileu e as figuras centrais do século XVII. Sabido é que durante sua vida, Leonardo contribuiu para diversas áreas do conhecimento, como as Artes e a Engenharia bélica, mas também sua curiosidade e poder de observação o levaram a levantar alguns assuntos importantes na Mecânica e Hidrodinâmica. Focando nessa última área, da Vinci estudou o movimento de correntes de água, suas colisões com obstáculos e observou a olho nu o fenômeno da *turbulência*, produzindo um desenho detalhado do movimento desordenado da água ao cair de uma certa altura. Leonardo não chegou a avançar neste tema, nem a formular quantitativamente nenhum problema, mas foi um pioneiro de uma observação crucial: os fluidos se movimentam de forma complexa, e seu estudo era importante *por si* e para propósitos práticos [Marusic e Broomhall 2021].

Figura 3.50. Representação da turbulência numa fonte, desenhada por Leonardo da Vinci.

Evangelista Torricelli

Mais de um século depois de Leonardo, Evangelista Torricelli (1608 – 1647) retomava estas questões. Desde jovem, Torricelli apresentava talento notável para o estudo, o que levou seu pai a inscrevê-lo na escola jesuíta de Faenza, onde estudou Matemática e Filosofia entre 1625 e 1626. Anos depois, em 1641, apresentou a Benedetto Castelli (1578 - 1643), conhecido matemático, seu tratado a respeito do movimento, que ampliava as ideias sobre o lançamento de projéteis, antes desenvolvidos por Galileu. Maravilhado pelos estudos de Torricelli, Benedetto, durante uma viagem para Florença, visitou Galileu e apresentou-o a estes trabalhos, pedindo ao amigo que recebesse Evangelista como seu pupilo, o que foi aceito por Galilei. Torricelli só pôde ir a Florença em Outubro de 1641, onde trabalhou por três meses com Galileu, até que este faleceu em Janeiro de 1642. Após esta perda, Torricelli foi nomeado para ocupar a cátedra de matemática de Florença, onde permaneceu até sua morte em 1647.

Em seu trabalho mais relevante – *De Motu Projectorum* (Sobre o Movimento dos Projéteis), escrito em 1641, Torricelli apresenta trinta e sete proposições. As mais relevantes são: um projétil em queda descreve uma parábola, desde que a resistência do ar seja desprezada; a direção da velocidade desse projétil é tangente à parábola e que, num gráfico da distância percorrida em função do tempo, a tangente do ângulo horizontal em qualquer ponto da curva tem o mesmo valor da velocidade instantânea do corpo naquele momento – ideia que seria muito importante para o desenvolvimento do cálculo diferencial, um século depois. Os demais resultados são propriedades geométricas do movimento parabólico. Em outra parte do livro, Torricelli discute o movimento da água, sobretudo quanto a velocidade de um jato d'água que sai por um pequeno orifício do recipiente. Daí, ele deduziu o que hoje é conhecido como *Lei (ou equação) de Torricelli*, que define a velocidade final de um corpo uniformenete acelerado ao longo de um eixo, após percorrer um dado comprimento.

Além disso, Torricelli é conhecido por ser o inventor do *barômetro*, instrumento utilizado para medir a pressão atmosférica. Usando um tubo longo e um recipiente de vidro, ambos preenchidos totalmente com mercúrio, verificou que, ao posicionarmos o tubo de ponta-cabeça, com a abertura dentro do recipiente, apenas uma parcela do mercúrio irá escoar do tubo, com a região acima da coluna de mercúrio no vácuo [Britannica 2023].

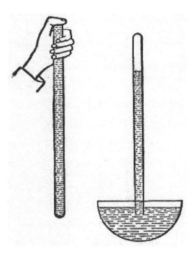

Figura 3.51. Representação elementar do barômetro de Torricelli.

Torricelli também percebeu que a altura da coluna de mercúrio dependia das condições ambientes, propondo que era a *pressão atmosférica* responsável por mantê-la. Dessa forma, após calibrar o aparelho com cuidado, o barômetro possibilitou o estudo dos fenômenos onde a pressão está envolvida.

Otto von Guericke

Um nome importante para o estudo da pressão e da natureza do vácuo foi Otto von Guericke (1602 - 1686), um físico alemão, nascido em Magdeburgo. von Guericke ficou conhecido por defender a ideia de que o *vácuo* poderia realmente existir, sendo contrário ao pensamento de Aristóteles (ainda muito difundido) de que a natureza teria *horror ao vácuo*, sempre preenchendo-o com alguma coisa [Conlon 2011].

Para provar sua hipótese, Guericke construiu, em 1650, a primeira bomba de ar da história. Com tal invenção, mostrou que pequenos animais não conseguiam sobreviver em ambientes com pouca concentração de ar, assim como velas não queimavam e sinos não emitiam som quando tocados. Também foi o inventor dos *hemisférios de Magdeburgo*, que consistia de dois hemisférios idênticos que juntos formavam uma esfera. Quando removia-se o ar de seu interior, nem a força de diversos cavalos conseguia abrir a tal esfera. Entrando em contato com os estudos de Torricelli, concluiu finalmente que esse fenômeno também era causado pela pressão atmosférica. Guericke, em 1663, também inventou uma máquina eletrostática usando uma bola de enxofre presa a uma alavanca giratória. Esse aparelho era capaz de armazenar cargas elétricas e descarregá-las em faíscas, embora, à época, a natureza da eletricidade ainda estivesse longe de ser compreendida.

Denis Papin

Na mesma linha de trabalho, Denis Papin (1647 – 1713) físico e inventor nativo da cidade francesa de Blois, estudou Física e Medicina em Paris, onde foi aprendiz de Christiaan Huygens, que encontraremos em breve, e enquanto trabalhou com Gottfried Leibniz, interessou-se pelo estudo de máquinas a vapor [Britannica 2023].

Foi o inventor da *Marmita de Papin*, uma máquina rudimentar que deu origem às atuais panelas de pressão. Papin conhecia o perigo de ferver água numa panela fechada, uma vez que a pressão de vapor no interior poderia atingir níveis extremos e provocar uma explosão. Sua invenção foi a primeira a ter uma *válvula de segurança*, limitando a pressão máxima atingida. Em 1689, Papin inventou a bomba centrífuga, que era uma máquina a vapor destinada a elevar água de um canal entre as cidades alemãs Kassel e Karlshafen. Também construiu um modelo de motor a vapor usando pistão, o primeiro de seu tipo. Em 1705, enquanto ensinava matemática na Universidade de Marburg, ele desenvolveu um segundo motor a vapor com a ajuda de Leibniz.

Jean de Hautefeuille

Jean de Hautefeuille (1647 – 1724) foi um físico francês, nascido em Orléans. Quando menino, ele atraiu a atenção da duquesa de Bouillon e foi auxiliado por ela em seus estudos. Dotado de uma mente inventiva, deu muita atenção aos problemas práticos da mecânica de seu tempo. Uma de suas conquistas mais importantes foi o aperfeiçoamento dos relógios, propondo empregar uma mola helicoidal com roda de balanço no lugar de um pêndulo para controlar o mecanismo. Huygens e Hooke também fizeram a mesma sugestão, e cada um reivindicou o direito de prioridade. A Huygens, no entanto, deve ser dado o crédito pelo aperfeiçoamento do dispositivo. Em acústica, Hautefeuille investigou a causa dos ecos, e por este trabalho foi coroado pela Academia de Bordeaux em 1718 [Brock 2023].

Hautefeuille também inventou um motor de combustão interna destinado a operar uma bomba de ar. O pistão do motor era primeiro acionado pela ignição de uma pequena carga de pólvora e depois retornava à sua posição inicial quando os gases quentes da combustão esfriavam, deixando um vácuo parcial.

Figura 3.52. Da esquerda para a direita: Retrato de Leonardo da Vinci; Evangelista Torricelli, por Lorenzo Lippi; Otto von Guericke, por Anselm van Hulle; Denis Papin, por Johann Peter Engelhard e Jean de Hautefeuille

Bacon, Descartes e Gassendi - a Ciência e a Filosofia Modernas

Francis Bacon: o método e o experimento

Sir Francis Bacon (1561 – 1626, não confundir com Roger Bacon do Século XIII) foi um pensador, filósofo e político inglês que contribuiu para questionar a metodologia Aristotélica, e indiretamente redefinir o significado da Ciência. Bacon é considerado um construtor do empirismo e do método científico [Pastorino 1970].

Figura 3.53. Francis Bacon.

Bacon teve uma destacada carreira política (chegou a ocupar o posto de Grande Chanceler inglês em 1618) e uma importante trajetória na Maçonaria, muito menos conhecida por razões óbvias. Já foram a ele atribuídos vários manifestos da Ordem Rosacruz. Existem também provas do seu envolvimento com a Alquimia, a exemplo do que viria acontecer com o próprio Newton.

Figura 3.54. Representação da Tabela de Símbolos da Alquimia.

O que mais interessa para nós é sua obra direcionada às Ciências e Filosofia. O propósito declarado de Bacon foi o de dar (ou restaurar) ao homem o domínio da realidade (muito mais adiante veremos como isto bate de frente com os fatos do mundo microscópico, ou quântico, mas isto Bacon não poderia saber).

Bacon tentou uma classificação do Conhecimento existente (assunto que seria abordado depois por Kant, Hegel e muitos outros), que aparece no quadro seguinte:

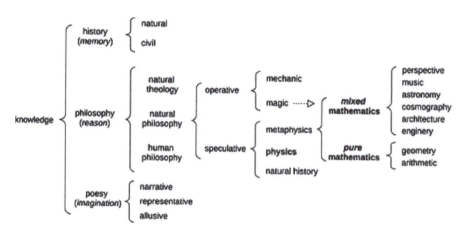

Para Bacon a *Astronomia* e a *Cosmografia* aparecem como uma liga da Metafísica (especulativa) com um caráter "Misto", e bem separadas da Física.

Esta visão não deixa de ser surpreendente (e disparatada) para nós, mas reveladora do longo caminho da separação das Ciências e suas relações mútuas. Essa tentativa classificatória responde à intenção de fornecer para as Ciências um método unificado que permita o que chamou de *Instauratio Magna*, ou Grande Renovação do conhecimento.

O método desenvolvido por Bacon é uma forma de *indução*, que já era conhecida na Lógica, mas pouco desenvolvida e sistematizada. Assim, Bacon propõe estudar os fatos e induzir com eles o conhecimento, em contraposição a Aristóteles que recomendava um raciocínio silogístico dedutivo. Por esta razão chamou a seu método de *Novum Organum*, para contrastar com o *Organon* Aristotélico da Antiguidade.

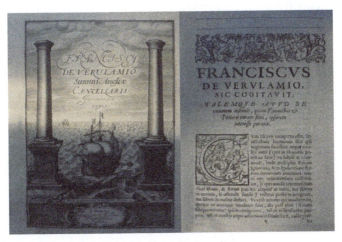

Figura 3.55. *Novum Organun* de Bacon na sua primeira edição.

O *Novum Organum* consistia em *sistematizar* as observações, fazendo uma coleta o mais completa possível, e criar três Tabelas, uma de propriedades, outra da ausência de propriedades e uma terceira de comparação para cada fato. Bacon acreditava que assim revelaria as causas verdadeiras dos fenômenos, eliminando as fortuitas.

Com este procedimento de indução sistemática Bacon pretendia que as *hipóteses científicas* para generalizar e compreender depois os fenômenos aparecessem "naturalmente". Evidentemente, nunca entendeu o papel criativo fundamental da formulação de hipóteses, análoga para o cientista à criação artística, em muitos aspectos, sem o qual a Ciência não progrediria.

Francis Bacon também aborda a questão dos empecilhos para o progresso científico. Ele descreve e classifica estes com o nome de "ídolos", decorrentes de quatro fontes diferentes:

- Ídolos da tribo: inerentes ao ser humano, e que resultam de esperar mais ordem nos fenômenos do que realmente há. Esta categoria inclui a Astrologia e outros,

- Ídolos da caverna: que decorrem dos preconceitos pessoais do pesquisador (a metáfora da "caverna" de Platão é evidente),

- Ídolos da vida pública: identificados como produto das palavras e hábitos que utilizamos,

- Ídolos do teatro: já que Bacon pensa que boa parte dos sistemas filosóficos (em particular, Aristóteles e a Filosofia Medieval) não estão fundamentados e demonstrados, e são assim como peças de teatro, representação pura.

O sistema de Francis Bacon é talvez o primeiro que se preocupa pelo que hoje chamamos de Sociologia da Ciência. Concretamente, Bacon discute e relaciona sua idéia dos *ídolos* com a chamada mentalidade científica, ou a construção dela como marco para o desenvolvimento do conhecimento do mundo.

Esta ideia de *mentalidade* vira florescer com força no século XX, com Johan Huizinga e a Escola de *Annales* de Paris [Burke 1991] entre outros, que, na verdade, se interessaram mais pelo desenvolvimento das sociedades medievais e do Renascimento, mas cuja aplicação para estudar as Ciências e a Revolução Científica produziu resultados muito interessantes.

É consenso que as idéias de Francis Bacon atingiram uma maturidade com a obra de Thomas Hobbes (1588 – 1679) algumas décadas depois [Adams 2023]. Hobbes tinha uma melhor formação matemática e percebeu as limitações da indução e outros problemas (veremos a crítica feroz e irrefutável de David Hume à indução em breve...), e pode ele mesmo ser considerado um alicerce do Empirismo fundado no século XVII. Na trilha das ideias de Bacon, John Stuart Mill (1806 - 1873) no século XIX abriu o caminho para a aplicação da produção em série na sociedade industrial [Macleod 2020], sequela um tanto quanto inesperada da obra de Bacon.

Figura 3.56. Thomas Hobbes (esquerda) e John Stuart Mill (direita).

Em suma, Francis Bacon não chegou a produzir uma obra duradoura e marcante, mas como filósofo procurou enfatizar os benefícios da Ciência para o homem. Suas investigações, especialmente da Metodologia científica e do Empirismo, foram importantes para a posterior evolução do hoje chamado *método científico*. É por isso que é considerado como um dos fundadores da Ciência moderna.

René Descartes

O longo caminho das Ciências através dos séculos passa pelo Renascimento, que preparou o terreno para o que viria a seguir: a grande mudança que desenha o conhecimento de forma "Moderna". Dentre os pioneiros do século XVII destacam-se René Descartes e Pierre Gassendi.

Figura 3.57. René Descartes

É consenso considerar o filósofo racionalista René Descartes (1596 – 1650) como um dos fundadores da Filosofia Moderna. As contribuições cartesianas à Ciência foram muitas e muito importantes. Na Matemática, Descartes desenvolveu as técnicas que tornaram possível a *geometria algébrica* ou "analítica". Na Filosofia natural, ajudou a desenvolver a lei do seno da refração, e desenvolveu um dos mais importantes relatos sobre o arco-íris. Além disso, Descartes também foi proponente de um relato naturalista da formação da Terra e dos planetas, um dos precursores para a *hipótese nebular* de Laplace.

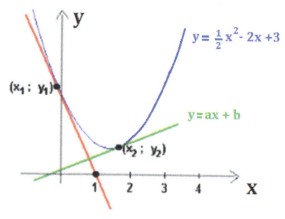

Figura 3.58. O plano cartesiano e algumas funções analíticas simples.

Podemos dizer que o pensamento de Descartes se desenvolveu e trabalhou em um "Universo novo" após o Renascimento e Copérnico, no sentido que T. Kuhn viria definir no século XX, contemporâneo ao filósofo utópico Tommaso Campanella (1568 – 1639) e também a Bruno, Kepler e Galileu

Descartes também era um conhecedor da Filosofia racionalista que lhe era contemporânea, incluindo Pascal e Espinosa. Sabemos que Descartes quis refutar as descobertas de Galileu Galilei, e sequer terminou a leitura do pequeno tratado *Siderius Nuncius* (provando assim que grandes filósofos podem cometer grandes erros...).

Uma das intenções de Descartes era fundamentar racionalmente a existência de Deus e da alma, tema que trata no *Meditationes de Prima Philosophia* (Meditações Sobre a Primeira Filosofia). Nas *Meditações*, após afastar todas os conhecimentos oriundos dos sentidos, chegou à conclusão sumarizada no arquifamoso *cogito ergo sum* (penso, logo existo). Ainda que existisse um Deus "enganador", o *cogito*, seria a prova de que a razão fundamenta a existência do indivíduo. As críticas posteriormente acumuladas contra esta "prova" são contundentes, e não é possível considerá-la a "pedra filosofal" que Descartes acreditava que fosse. Por outro lado, Descartes também sustentava que a ideia de Deus é inata ao homem. Esta ideia só veio a ser contestada por Locke e Hume, e descartada definitivamente pelos antropólogos no século XIX.

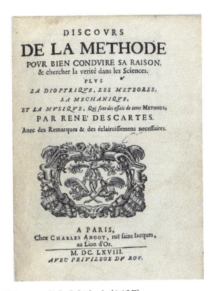

Figura 3.59. Facsímil do *Discours de la Méthode* (1637).

Descartes escreveu o célebre *Discours de la Méthode* (Discurso do Método), através do qual apresenta um método científico dividido em quatro etapas: 1) abordar o objeto sem nenhum preconceito ou prejuízo; 2) dividir o objeto em quantas partes forem necessárias até atingir-se uma primeira certeza irrefutável; 3) A partir dessa primeira certeza menor, passar para certezas maiores; 4) efetuar uma revisão de cada passo para evitar erros. Este método, também conhecido como Método Racional ou Cartesiano não foi o primeiro método da Modernidade, mas certamente trouxe mudanças radicais, como também trouxeram os métodos empírico de Francis Bacon e o experimental/observacional de Galileu [Clarke 2012; Rhoden e Cunha 2020].

A partir desse método, filósofos e cientistas deveriam parar de usar o termo "Verdade" em seu sentido absoluto, e passarem a referir-se a uma "verdade provisória" ou "Certeza" – era a constatação racional de que as conclusões científicas são *mutáveis e fluentes*, nunca definitivas.

Embora Descartes acreditasse ter achado uma metodologia abrangente, o sucesso de sua Geometria Analítica deveu-se mais a ter encontrado uma correspondência/representação gráfica entre as equações e curvas num *plano – o plano cartesiano*. Em outras palavras, além daquilo que Descartes expressou no *Discurso*, foi a interpretação geométrica das relações algébricas o que permitiu um olhar totalmente novo para a Matemática, agora "fundida" com a Geometria de uma maneira que não existia previamente.

Quanto à Teoria Atomista, Descartes *rejeitou* a existência do átomo por inconsistente, escrevendo, no *Principia Philosophiae* (Princípios da Filosofia)

> *"Se os átomos existissem, deveriam necessariamente ser extensos e nesse caso, embora se imaginassem pequenos, poderíamos sempre dividi-los* em pensamento *em duas ou mais partes menores e reconhecê-los por isso como divisíveis"*
> [Descartes 1644]

Essa redução ao infinito, ou divisão *ad infinitum*, torna o conceito matriz de átomo inconcebível para Descartes e, nesse aspecto, sua crítica assemelha-se à de Aristóteles. A confusão entre indivisibilidade *física* e a *matemática/mental* não é exclusiva de Descartes, sendo compartilhada por muitos pensadores antes e depois (a rigor, não há nenhum absurdo na ideia de átomo, e os atomistas sempre compreenderam que o átomo é uma unidade *física, não um absoluto matemático*).

Talvez mais relevante para a trajetória do desenvolvimento da Física é a postulação por Descartes de seu princípio de conservação de movimento, tratado também no *Principia Philosophiae* [Westfall 1977]. Aqui, Descartes retoma o momento Galileano, e o define como o produto do "tamanho" (não exatamente a massa) pela velocidade, que chama de quantidade de movimento, e postula que, na ausência de influências internas, esta não varia – ela é, isto é, uma quantidade conservada, como já ponderado por Avicena seis séculos antes. Fundamentalmente, entretanto, a velocidade que Descartes considera é um escalar, e não um vetor. Em outras palavras, sua lei de conservação não leva em conta a direção do movimento e das forças externas. Como vimos, Galileu já havia começado a notar uma certa independência em componentes perpendiculares do movimento, e essa seria a peça final a ser acrescentada à lei de conservação do movimento.

A Física cartesiana ficou muito popular nos começos do Século XVIII com o postulado das órbitas planetárias [Slowik 2021]. Descartes, numa abordagem totalmente mecanicista, concebe o movimento dos planetas como produzido por algum agente em contato com eles. Para isto, postula um éter neo-aristotélico, que cumpre esta função e que forma vórtices que "arrastam" os planetas (Figura 3.60). O conjunto de vórtices que ele representava como bolhas de sabão aglutinadas, foi chamado de *plenum*. Por extensão, o Universo inteiro estaria permeado pelos vórtices, em todas as escalas de comprimento. Qualitativamente esta teoria resolvia vários problemas astronômicos e por isso ganhou popularidade. Descartes chegou a discutir nos seus escritos a dinâmica dos vórtices, sua relação com os cometas como corpos não planetarios e outras especulações do género [Aiton 1972]. Depois da crítica de Newton no Livro II dos *Principia*, a teoria foi caindo no esquecimento porque nenhum cartesiano conseguiu dar uma forma matemática preditiva, tal como sim acontecia com a Mecânica de Newton e seu espetacular sucesso com o problema de Kepler. Também é importante destacar que algumas predições qualitativas Cartesianas não concordavam com novas observações.

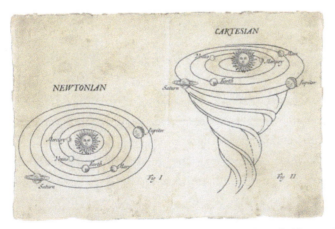

Figura 3.60. Uma versão gráfica da diferença entre a ideia das órbitas de Newton (esquerda) e Descartes (direita). Newton dedicou espaço nos Principia para refutar a proposta de Descartes, convertendo-a primeiro num esquema quantitativo. (Crédito da imagem: https://www.bobvenables.co.uk/).

Descartes também realizou suas próprias contribuições para a Óptica, seguindo do trabalho de Kepler, em sua própria obra de mesmo nome, o *Dioptrique*, de 1637. Sua teoria da luz era em princípio ondulatória, ainda que fortemente baseada no fenômeno da colisão entre corpos rígidos. Na Óptica Cartesiana, a luz trata-se de uma pressão transmitida por um meio transparente em contato constante com o observador (algo análogo a uma onda acústica). No *Dioptrique*, Descartes faz a comparação com um homem cego que "vê" através da transmissão de vibrações por sua bengala ao colidir com um obstáculo. Assumindo com pouco rigor que pressão, sendo uma "tendência ao movimento", segue as leis do movimento, Descartes descreveu os fenômenos da reflexão e refração em analogia à colisão de esferas rígidas com superfícies refletoras ou sua passagem por um pano representando a interface entre dois meios diferentes [Westman 1978].

No último caso, Descartes entrou em conflito com sua própria ideia de que a propagação da luz é instantânea (uma vez que sua explicação da refração exige que a velocidade da luz seja diferente entre os dois meios), mas em todo caso foi capaz de derivar corretamente a relação entre as inclinações do raio de luz antes e depois de ser refratado. Descoberta e redescoberta por diferentes nomes ao longo dos séculos, a lei de refração foi também redescoberta por Willebrord Snellius (1580 – 1626) em 1621, e hoje frequentemente é chamada de *lei de Snell*, ou lei de Snell-Descartes.

Pierre Gassendi

Nativo de Champtercier e falecido em Paris, Pierre Gassendi (1592 – 1655, também conhecido como *Pierre Gassend*) foi um padre católico, filósofo, astrônomo e matemático. Embora nascido de uma família humilde, Gassendi estudou nas universidades de Digne e Aix-en-Provence, tendo recebido doutorado em Teologia na Universidade de Avignon. Ordenado sacerdote, foi nomeado professor de Filosofia em Aix-en-Provence, onde proferiu palestras contra o pensamento de Aristóteles.

Figura 3.61. Retrato de Pierre Gassendi, cerca do ano 1630, de autor desconhecido.

O trabalho de Gassendi, *Exercitationes paradoxicae adversus Aristoteleos* (Exercícios paradoxais contra os Aristotélicos), contém um ataque direto ao Aristotelismo, assim como a apresentação de uma versão inicial de seu ceticismo mitigado. Frequentador do círculo do Padre Mersenne (1588 – 1648), considerado como o pai da Acústica, Gassendi, também combateu o conceito de *ideias inatas*, tal como desenvolvidas por Descartes. Gassendi viveu em um momento privilegiado da história do pensamento, justamente quando o Aristotelismo estava em queda acentuada, e o Empirismo e o Racionalismo inauguravam a Filosofia Moderna [Fisher 2014].

Como astrônomo, Gassendi foi o primeiro a observar um *trânsito planetário* (a passagem de um planeta entre a Terra e o Sol), o de Mercúrio, em 1631, previsto por Kepler. Tentou observar a passagem de Vênus no mesmo ano, mas este aconteceu à noite em Paris.

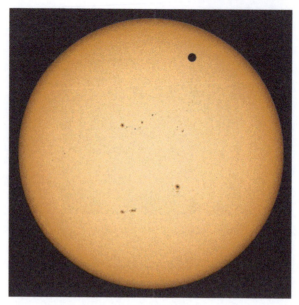

Figura 3.62. Imagem atual do trânsito de Vênus pelo disco solar, parte superior.

Gassendi também utilizou uma *câmara escura* para medir o diâmetro aparente da Lua. Contudo, a principal contribuição de Gassendi às Ciências Naturais foi seu resgate da *doutrina atomista* de Epicuro, em substituição ao Aristotelismo até então vigente. Com isso, o maior problema que Gassendi passou a ter foi tentar reconciliar uma visão de mundo do atomismo mecanicista com a crença cristã em um Deus infinito, mas sem o apoio do atomismo Aristotélico ou do racionalismo Cartesiano.

Em seu *Syntagma philosophicum* (Tratado Filosófico), publicado postumamente em 1658, observa-se que Gassendi tentou encontrar o que chamou de um meio-termo entre o ceticismo e o dogmatismo. Gassendi sustentou que, embora o conhecimento metafísico das "essências" das coisas seja impossível, principalmente se confiando apenas na indução e nas informações fornecidas pelas "aparências", pode-se adquirir um outro tipo de conhecimento do mundo natural [Popkin 2023].

Figura 3.63. Imagem da cratera lunar que leva o nome do Gassendi como homenagem a suas contribuições científicas, tomada pela missão Apollo 16.

Adotando uma visão própria do ceticismo helenístico, Gassendi considerou que vários fenômenos podem ser tomados como sinais daquilo que está além da experiência. A fumaça sugere fogo, e assim toda a multiplicidade de fenômenos implicaria, segundo ele, na existência de um *mundo atômico* subjacente a eles. A melhor teoria desse mundo subjacente seria justamente o antigo atomismo tal como exposta por Epicuro.

Observa-se no pensamento de Gassendi, um modelo mecânico de movimento e aglomeração atômicas, e, como o mundo dos fenômenos está diretamente relacionado ao mundo atômico, não há necessidade de explicar eventos e fenômenos em termos de *propósitos, objetivos* ou *causas finais*, refutando-se a concepção teleológica Aristotélica própria da Escolástica. De passagem, Gassendi foi quem introduziu o espaço e o tempo absolutos como conceitos fundamentais e que viriam a ser o alicerce da Física e Cosmologia Newtonianas.

Em resumo, Gassendi e Descartes podem ser considerados "totalmente modernos" em mais de um sentido. Com eles a Revolução Científica se firma e prelúdia a obra monumental de Isaac Newton.

Pascal, Leibniz e uma nova Matemática

A Matemática como ferramenta fundamental para a Ciência e a construção refinada da inteligência humana vinha sendo desenvolvida desde a Antiguidade. No entanto, a Revolução Científica foi acompanhada por uma "explosão" da Matemática, até o ponto em que novos ramos foram criados para compreender os fenômenos físicos. Dois criadores de destaque deste período são Blaise Pascal e Gottfried Leibniz.

Figura 3.64. Blaise Pascal (esquerda) e Gottfried Wilhem Leibniz (direita, Museu Histórico de Hannover).

Blaise Pascal

Blaise Pascal (1623 - 1662) foi um dos nomes fundamentais deste período extremamente fértil. Embora não tenha chegado sequer aos 40 anos de vida, sua obra fundacional é um destaque em várias disciplinas. Pascal foi um menino prodígio, em grande parte autodidata, e conseguiu aos 13 anos de idade reproduzir, por conta própria, o fluxo de ideias e resultados dos *Elementos* da geometria de Euclides [Clarke 2015].

O Renascimento e a Revolução Científica 213

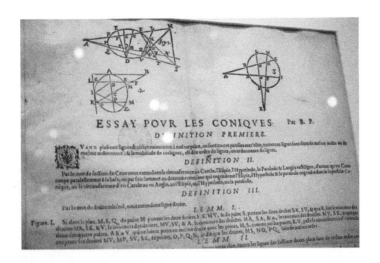

Aos 17 publicou um estudo das seções cônicas contendo resultados originais. No entanto as maiores contribuições de Pascal para a Matemática estariam por vir: além da sua obra no que hoje chamamos de *Geometria Projetiva*, Pascal foi o pioneiro do *Cálculo de Probabilidades*, junto a Pierre de Fermat (c. 1600 – 1665). Como se não bastasse, Pascal é considerado inspirador do *Cálculo Infinitesimal*, já que um dos seus trabalhos abordou o que hoje chamamos de "integração" da função seno.

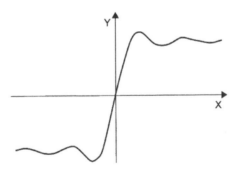

Figura 3.65. A integral da função *sen x*, hoje resolvida em ~milissegundos com qualquer integrador online.

Por volta dos 20 anos de idade, se dedicou a estudar fluídos em equilíbrio, e as questões do comportamento da pressão e do vácuo, dando continuidade ao que tinha começado Torricelli. Um dos resultados importantes nesta área é a chamada *Lei de Pascal*:

"A pressão aplicada num ponto de um fluido em repouso transmite-se integralmente a todos os pontos do fluido.",

que foi utilizada posteriormente como princípio para a construção da prensa hidráulica. Além disso, demonstrou no experimento que é hoje conhecido como *barril de Pascal*, que a pressão na base de uma coluna de líquido não depende do peso, mas sim da diferença de altura.

Figura 3.66. À esquerda, um esquema do barril de Pascal, onde o tubo pode ser tão fino quanto quiser, e a pressão só depende da diferença de altura h. À direita, uma demonstração pública contemporânea deste princípio.

Outros trabalhos e ideias de Pascal, a exemplo da *pascalina* (primeira calculadora mecânica do mundo, planejada em 1642 e conservada em Paris*)*, contribuíram para as Ciências das mais variadas formas.

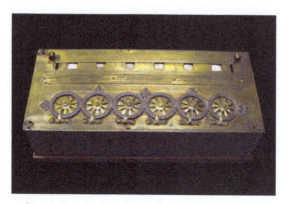

Figura 3.67. Imagem da *pascalina*, conservada em Paris.

Porém, apesar da sua genialidade, a vida de Pascal não foi nada tranquila, em particular por conta de sua fraca saúde. Aos 22 anos entrou em contato com a doutrina cristã Janseniana, de extrema rigidez intelectual. Esta doutrina fez com que Pascal se sentisse perturbado até sua morte, já que, por exemplo, no *Discours de la Réformation de l'Homme Intérieur* (Discurso Sobre a Reformação do Homem Interior), os Jansenianos ensinavam que

> *"...o desejo de saber é a concuspicência do intelecto... doença que nasce da investigação dos segredos da Natureza que são irrelevantes para nós..."*
> [Jansenius 1642] (tradução própria)

Como resultado, Pascal oscilava entre a Razão e a Fé sem se liberar da culpa de ser um "pecador". Morreu com temor do que poderia encontrar no além [Borges 2012].

Gottfried Wilhem Leibniz

Gottfried Wilhem Leibniz (1646-1716) foi um dos maiores matemáticos da História. Leibniz foi, na verdade, polifacético, e reunia vários talentos (já foi comparado a Leonardo da Vinci, embora as Artes não fossem sua praia) [Look 2020].

Gottfried Wilhem Leibniz

No campo da Filosofia, Leibniz foi autor da célebre ideia de *mônada*, concebida para fundamentar a realidade. As mônadas são unidades de substância, indivisíveis, indestrutíveis e infinitas em número. De fato, todos os objetos conhecidos são compostos de mônadas (há infinitas delas na Filosofia de Leibniz). Este sistema foi criado em oposição ao dualismo Cartesiano mente--matéria, bem como às ideias de Spinoza que pregavam uma única substância. Leibniz propôs que as mônadas são *infinitas*, escapando assim dos problemas que decorrem de construir o mundo com uma única substância.

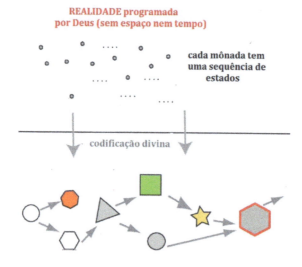

Figura 3.68. A realidade segundo as mônadas de Leibniz.

Aqui podemos nos perguntar pela conexão das *mônadas* com os átomos. Embora à primeira vista pareçam idênticos, as mônadas de Leibniz possuem um caráter espiritual. Assim, poderíamos afirmar que as mônadas são um "átomo metafísico", e contém todos os atributos, passados, presentes e futuros. Portanto, as mônadas não podem ser divididas, isto é logicamente impossível. Como corolário, as mônadas não interagem entre si e sua existência e destino está estabelecido pela harmonia divina (vide esquema da Figura 3.68) [Byrnes 2017].

Podemos notar várias diferenças com o materialismo atomístico, que pensa nos átomos como substâncias físicas, reais. Para Leibniz as únicas substâncias "reais" são as mônadas metafísicas. A origem desta diferença radical deve se encontrar na insistência de Leibniz (mas também de Descartes, Spinoza e outros) em explicar o mundo físico no contexto de um Deus supremo. Já os atomistas sempre ficaram livres desse ônus, gozando assim de uma liberdade muito maior.

A grande contribuição da Leibniz, no entanto, não pertence à Metafísica ou a Teologia: Leibniz foi um dos inventores do Cálculo (que ele denominou *infinitesimal*). O Cálculo permite relacionar uma *função* (nome também devido a Leibniz) com suas tangentes sucessivas, e vice-versa. Sem esta ferramenta seria virtualmente impossível alcançarmos todo o desenvolvimento científico e tecnológico dos últimos 300 anos.

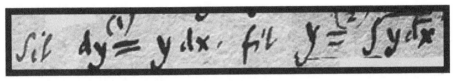

Figura 3.69. Escrito de Leibniz onde aparecem claramente a derivada e a integral, de forma muito similar às que utilizamos hoje.

Leibniz foi acusado pelo Isaac Newton de ter roubado suas ideias do Cálculo, mas ao que tudo indica não foi bem assim. Os Cálculos de Leibniz e Newton são similares, mas foram obtidos de forma independente. A notação e metodologia de Leibniz é a que mais utilizamos hoje. Em qualquer caso, ninguém ousaria diminuir os méritos de Newton, que ficou indignado e agressivo, mas que merece toda nossa admiração [Durán 2017].

Entre os muitos resultados pioneiros de Leibniz encontram-se a demonstração de que a diferenciação e integração são *operações diferenciais inversas*, além da chamada *regra da integral de Leibniz* :

Se $\int_{a(x)}^{b(x)} f(x,t)dt$ com $-\infty \leq a(x); b(x) < \infty$, então a derivada da sua integral é:

$$\frac{d}{dx}\left(\int_{a(x)}^{b(x)} f(x,t)dt\right) = f(x,b(x))\frac{d}{dx}b(x) - f(x,a(x))\frac{d}{dx}a(x) + \int_{a(x)}^{b(x)} \frac{\partial}{\partial x}f(x,t)dt \quad , (3.5)$$

onde os dois primeiros termos se anulam quando *a* e *b* são constantes.

Leibniz constrói assim, junto com Newton e sucessores, uma nova Matemática de alcance enorme, que até resulta ser difícil de expressar cabalmente. Junto a Blaise Pascal a nova Matemática abre as portas para que nós olhemos para muito além.

Astronomia, Astrologia e Alquimia

Entre os séculos XIV e XVIII uma boa educação superior incluía os cursos de Medicina, Astronomia, Matemática e Direito Canônico. Copérnico, Galileu e Newton receberam praticamente essa mesma educação. Mas a liberdade de pensamento e pesquisa não era semelhantes em todos os lugares. Por exemplo, a Universidade de Pádua foi formada por professores dissidentes da rígida Universidade de Bolonha. Pádua ficava sob a jurisdição da rica e independente Veneza onde havia maior liberdade de pesquisa, inclusive com a possibilidade de estudos em dissecção de corpos humanos. A regulamentação das Universidades também era um processo relativamente novo, e por vezes levava a conflitos com a população local. Famosamente, a execução de três estudiosos em Oxford levou à fundação da Universidade de Cambridge por membros indignados da Universidade de Oxford

Em Florença também observamos o despertar das ciências com as diversas obras de anatomia de Leonardo da Vinci (abaixo). Os cientistas procuravam escapar da rigidez e dogmática do pensamento aristotélico ratificado pela Igreja Católica.

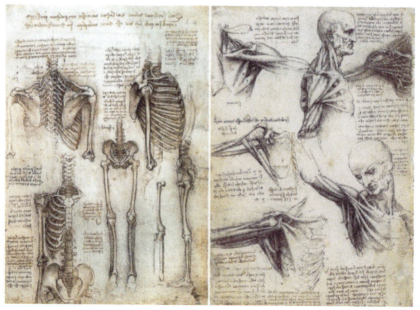

Figura 3.70. Desenhos de Leonardo que dissecou cadáveres com permissão oficial para entender o funcionamento do corpo humano.

Estudava-se Matemática, Astronomia, Medicina e Astrologia pois acreditava-se que a saúde da cidade, da sociedade e dos indivíduos eram dependentes dos movimentos dos astros, ainda mais, cabia ao astrônomo, efetuar esse estudo astrológico para prever como seria o ano que começava.

Figura 3.71. O zodíaco de Cecco d'Ascoli, no seu comentário à *Esfera de Sacrobosco* (século XIII).

Já vimos extensivamente a relação íntima entre Astronomia e Astrologia que começou a quebrar-se nessa época. Contemporaneamente, tivemos os casos de Pico della Mirandola, crítico feroz, e Copérnico, aparente dono de uma marcante indiferença em relação à Astrologia; e pouco depois o de Tycho e Kepler, astrólogos na Corte Imperial.

Na Inglaterra veremos em breve que Isaac Newton, além de trabalhar em Astronomia também mergulhava no ocultismos, na magia e na Alquimia (do árabe *al-kimiya*), especialmente na busca da *Pedra Filosofal*, artefato lendário capaz de transformar qualquer substância em ouro [Fanning 2018]. Sem se dar conta, abria as portas para a Química. Robert Boyle estava também convencido da possibilidade de *transmutar* os elementos químicos.

Esta "transmutação" é possível, mas não por métodos ordinários de laboratório. Se bombardeados com prótons ou partículas alfa, por exemplo, um elemento pode se transformar em outro. A Física das reações nucleares consegue executar o programa da Alquimia mas com energias ~1 milhão de vezes maior e métodos muito diferentes (vide Capítulo 4). Os alquimistas jamais imaginaram isto, nem conseguiram jamais "transmutação" alguma.

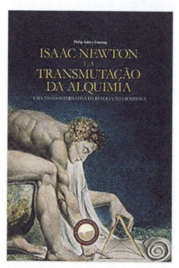

Figura 3.72. Capa da obra de Philip Ashley Fanning, onde discute a questão da Alquimia na Revolução Científica. O desenho da capa, denominado *Newton*, é de autoria de William Blake e revela a retomada a retomada da precisão matemática nas Ciências.

A separação definitiva da Alquimia e a Química é por muitos creditada a Antoine de Lavoisier, o "pai da Química". Lavoisier demonstrou que os elementos *não se transformam* uns em outros (ao menos para energias típicas dos laboratórios) e assim acabou de vez com a quimera da Pedra Filosofal. Embora muitos historiadores tenham declarado sua perplexidade ao conferir que um intelecto da dimensão do Newton levou a sério estas ideias, devemos apontar que isso é uma reconstrução moderna e anacrônica. A Ciência de Newton *redefiniu os cânones científicos*, e sua posição "ocultista" foi parte do processo. Não é importante que esta depois fosse totalmente descartada. A proximidade, à época, entre as Ciências Naturais e meras superstições, assim como seu lento desacoplar, servem como narrativa esclarecedora dos caminhos tortuosos que levaram à Ciência moderna, e à importância do lento estabelecimento do Empirismo, com observações e experimentos, como fundação do pensar científico.

O *expurgo* das práticas ocultistas de Kepler, Boyle, Newton e outros é evidente na História das Ciências. Karl Popper chegou a falar de "processo Orwelliano". Nenhum cientista de hoje gosta de pensar no maior gênio da história como "um alquimista"...

Figura 3.73. Gravura de Antoine de Lavoisier.

Embora a Alquimia e a Astrologia tenham começado como protociências (no sentido de esperar resultados iguais nas mesmas condições, respeitando a causalidade), jamais conseguiram provar que suas *predições* batem com os *fatos*. Se quiser fazer a prova, procure um horóscopo antigo para seu signo e compare com os fatos. Confira quanto do predito realmente aconteceu. Isto basta para descartar a vontade de acreditar que há como saber o futuro, sem sequer recorrer a argumentos adicionais tais como o destino díspar de gêmeos e outros. Lembramos que a Astrologia está devendo o ônus da prova, que deveria ser incontestável face a seriedade de afirmar o que afirma. Até gostaríamos de acreditar, mas não podemos nos iludir.

O que podemos afirmar, sem temer a dúvida, é que mesmo depois de todos esses séculos a distinção entre Astronomia, Astrologia e Alquimia ainda não é bem clara para muitos, mas que agora fique bem clara para nós: Astronomia é Ciência; Astrologia e Alquimia são superstições que não têm fundamento nem embasamento real algum.

A Física no Século XVII: Boyle, Hooke e Huygens

Figura 3.74. R. Boyle (esquerda), R. Hooke (centro) e C. Huygens (direita).

Seguindo o trabalho prévio de Galileu, Bacon e Descartes, a segunda metade do século XVII viu uma série de desenvolvimentos importantes na construção da descrição do "universo mecânico", no qual não só as regras seguidas pelos fenômenos naturais são conhecidas, mas também os mecanismos por trás do *porquê* de essas regras serem como são. Em particular, almejava-se descrever toda a natureza em termos de mecanismos *mecânicos*, isto é, através do deslocamento e contato entre elementos de matéria.

Tal projeto culminaria em 1687 com a publicação do *Philosophiae Naturalis Principia Mathematica* (Princípios Matemáticos da Filosofia Natural), ou simplesmente *Principia*, por Isaac Newton. Longe de um gênio solitário, a trajetória de Newton foi marcada por uma série de colaborações e conflitos importantes ao longo desse meio-século, com uma série de contemporâneos também significativos para o desenvolvimento das ideias encontradas no Principia e para a Física de modo geral. Três desses nomes, relacionados entre si e com Newton em suas carreiras, são os de Robert Boyle, Robert Hooke e Christiaan Huygens.

Robert Boyle: átomos e mecânica

Nascido na Irlanda, Robert Boyle (1627 - 1691) é hoje lembrado principalmente por suas contribuições para a Química moderna e a "pneumática", mas como outros cientistas de seu tempo, tinha interesses abrangentes. Em contato com a mecânica Galileana e o atomismo Epicureano, Boyle contribuiu para estabelecer a crença em explicações mecânicas acessíveis e inteligíveis da Natureza.

Boyle tornou-se uma figura proeminente a partir de 1660, com a realização de uma série de experimentos apoiando os resultados de Pascal e Torricelli, publicando o *New Experiments Physico-Mechanical* (Novos Experimentos Físico-Mecânicos); e em 1662 com sua primeira formulação do que hoje chamamos de lei de Boyle,

$$P \propto \frac{1}{V} \quad , \tag{3.6}$$

pela qual, se mantidas a massa e temperatura constantes, a pressão P exercida por um gás ideal é inversamente proporcional ao volume V ocupado por ele [Westfall 1978].

Um cientista experimental por excelência, Boyle estava plenamente alinhado com o empirismo de Roger Bacon (vide acima), e defendia a importância da realização de experimentos com dados efeitos sob as condições controladas de laboratório, que podem, em suas palavras no *Usefulness of Experimental Philosophy* (Utilidade da Filosofia Experimental),

> "[...] nos dar dicas sobre suas causas, ou ao menos nos familiarizarem com algumas das propriedades ou qualidades de coisas que colaboram para a produção de tais efeitos"

[Boyle 1663] (tradução própria)

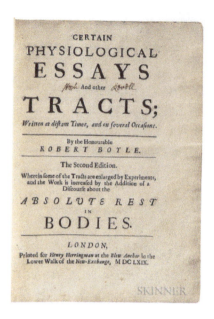

A profunda experiência de Boyle com trabalho experimental tornou-o sensível ao grande número de possíveis fontes de erros e desvios sistemáticos no laboratório, e de como tais problemas afetariam a capacidade do filósofo experimental de extrair conhecimento real sobre a Natureza a partir desses experimentos. Tal preocupação essencialmente epistemológica, levou-o a escrever o *Certain Physiological Essays*, em 1669, um dos primeiros estudos sobre erros sistemáticos na Filosofia Experimental, onde sugeriu estratégias para lidar com tais problemas que viriam a se tornar, até o presente, boas-práticas básicas da ciência experimental.

Uma dessas é a realização de experimentos várias vezes e sob diferentes condições, de forma a verificar a robustez de seus resultados. Pela mesma razão, Boyle recomendou a publicação de descrições completas da montagem e realização de experimentos, de forma a torná-los mais facilmente reprodutíveis, ou no mínimo permitir que sua qualidade e validade fosse julgada por outros. Para Boyle, mesmo uma conclusão teórica só pode ser dada como válida se apoiada por todo um conjunto de evidências.

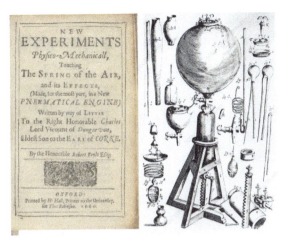

Figura 3.75. Facsímil e desenho do livro de Boyle em 1660.

Boyle também ele mesmo ofereceu algumas de suas próprias explicações teóricas para fenômenos naturais. Enquanto Descartes se opunha ao atomismo na base de um problema matemático, Boyle defendia uma abordagem mais qualitativa ao estudo da Natureza, motivada por seu trabalho experimental e interesse na composição química da matéria. Em particular, foi defensor da superioridade da *hipótese corpuscular*, que procurava explicar os fenômenos naturais em termos de interações (contato) entre partículas básicas, os corpúsculos. Ainda que muito similar ao atomismo, o corpuscularismo não necessariamente implicava na indivisibilidade dos corpúsculos (e nesse sentido estrito, nossos átomos modernos são eles mesmos corpúsculos, não átomos). Em seu principal trabalho sobre o tema, *The Origin of Forms and Qualities* (A Origem das Formas e Qualidades), Boyle afirmou que fenômenos naturais seriam explicados somente

> "pelo tamanho, movimento (ou falta deste), textura e as qualidades e atributos resultantes das pequenas partículas de matéria".
> [Boyle 1667] (tradução própria)

Assim, a maior importância de Boyle na história da Ciência esteve tanto na sua promoção de práticas científicas inovadoras, à época, que apontavam na direção de crescente coletivização da Ciência que continua hoje; quanto na sua defesa da existência de explicações inteligíveis e mecânicas para os fenômenos naturais [Sargent 1998]. Essa "filosofia mecânica", termo cunhado por Boyle, continuariam a serem explorados por seu aluno, Robert Hooke.

Robert Hooke: Gravitação sob a ótica tradicional da Filosofia Natural

Robert Hooke (1635 - 1703) foi um cientista e arquiteto inglês com importantes contribuições para a Mecânica e para a Gravitação. Foi assistente de Boyle em Oxford entre 1655 e 1662, provavelmente contribuindo para a determinação da lei de Boyle. Em 1660 Hooke descobriu a lei da elasticidade, que hoje leva seu nome, e seu trabalho com molas contribuiu para a criação dos primeiros relógios de bolso. A lei de Hooke,

$$F = -kx \qquad , \qquad (3.7)$$

afirma que a força necessária F para comprimir ou estender uma mola é proporcional ao deslocamento x

Figura 3.76. Robert Hooke, o descobridor das células e "rival" de Newton.

Dentre seus trabalhos Hooke foi pela maior parte de sua vida o Curador de Experimentos da *Royal Society of London*, posição na qual realizou centenas de experimentos com o objetivo de demonstrar ideias recebidas pela sociedade. Também é reconhecido por construir o primeiro microscópio e fazer as primeiras observações de microorganismos (simultaneamente com Antoine Van Leewenhoek), as quais foram descritas e discutidas em um de seus mais famosos trabalhos, o *Micrographia*, o primeiro a usar o termo "célula", que observou pela primeira vez, no sentido biológico. Como arquiteto, teve papel importante na reconstrução de Londres após o Grande Incêndio de 1666 [Chapman 2004]. Mas nosso interesse aqui é seu trabalho na Mecânica e na Gravitação, e como com isso Hooke se insere na lenta trajetória da Filosofia Natural clássica até a Física moderna, em um momento pivotal dessa história [Westfall 1972].

Como professor de Mecânica a partir de 1664, Hooke levantou ideias que beiravam o trabalho de Newton, que só seria publicado mais de 20 anos depois. Em uma publicação de 1674 [Hooke 1674], ele anunciou "três suposições básicas" para construir um sistema mecânico do mundo. Na primeira destas, afirma que

> *"[...] todos os corpos celestes têm uma atração ou poder gravitante em direção a seus próprios centros, pela qual atraem não só suas próprias partes, e impedem que elas voem para longe, como também todos os outros corpos celestes que estão na esfera de sua atividade",*

onde caracteriza a força de atração entre corpos celestes com a mesma força que mantém as partes destes unidas, ideia que vimos já ter ocorrido a Galileu; mas identifica-a ainda com uma força que aponta para o centro (centrípeta). Na segunda suposição,

> *"Todos os corpos colocados em um movimento direto e simples, assim continuarão a moverem-se em linha reta, até serem por outros poderes efetivos desviados e curvados em um movimento, descrevendo um círculo, elipse ou alguma outra mais complicada linha curva",*

onde identifica o *movimento retilíneo uniforme* com o estado de movimento natural de um corpo isolado, em claro contraste com o Aristotelianismo. E, por fim, como a terceira suposição,

> *"Esses poderes atrativos são tão mais poderosos quanto mais próximo está o corpo atraído de seu centro",*

sugerindo, corretamente, que a Gravitação segue alguma lei de proporcionalidade inversa com a distância do centro do corpo atrator. Exceto pela forma exata da lei de proporcionalidade, que viria a ser a do *inverso do quadrado da distância*, tais pontos descrevem a forma funcional da futura Gravitação Universal de Newton, assim como o princípio da lei da inércia, já em desenvolvimento desde o trabalho de Galileu. Essas "suposições" são uma das maiores evidências usadas para defender a responsabilidade de Hooke pela Gravitação Universal, uma das grandes controvérsias da história da Ciência moderna. Entretanto, cabe destacar que a proposta não é realmente Universal, uma vez que se aplica exclusivamente à força entre corpos celestiais – mas não, por exemplo, entre uma maçã e a Terra. Mantinham-se ainda, apesar do trabalho de Brahe e Galileu, os resquícios da distinção Aristotélica entre os mundos sub e supralunar.

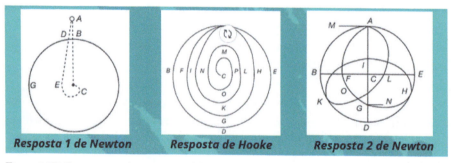

Figura 3.77. Em um grande vai-e-vem, Newton e Hooke produziram propostas cada vez mais complexas para a forma da órbita de um corpo de prova. Newton falava em uma competição entre a gravidade e a força centrífuga, enquanto Hooke pensava em uma gravidade variável competindo com a tendência inercial de "sair pela tangente".

A raiz da controvérsia viria de uma troca de correspondências a partir de 1679, em que Hooke e Newton discutiram a órbita de uma massa em torno do centro da Terra. Enquanto nessa discussão Newton assumiu uma força da gravidade uniforme, Hooke já estava a essa altura convencido da gravidade proporcional ao inverso do quadrado da distância, a qual descreveu explicitamente para Newton [Westfall, 1978]. Newton mais tarde relataria já ter suposto e testado tal relação durante a Grande Peste de Londres em 1665-1666, razão pela qual ele não creditou Hooke com a lei, o que não impediu o surgimento de um ressentimento duradouro entre os dois a partir da publicação do *Principia* em 1687. Ainda assim, na segunda edição do *Principia*, sobre a lei do inverso do quadrado (referido como o "sexto Corolário"), Newton acrescenta

> "*o caso do sexto Corolário se aplica nos corpos celestiais (como Sir Cristopher Wren, Dr. Hooke e Dr. Halley individualmente observaram)*"
> [Newton, 1713] (tradução própria da Proposição IV, Scholium)

Por outro lado, a quebra da força que age sobre o corpo em órbita entre componentes tangencial e centrípeta parece ter sido de fato apresentada a Newton pela primeira vez por Hooke [Gal 2002].

Hooke, entretanto, nunca foi capaz de demonstrar rigorosamente suas ideias, enquanto um estilo matemático rigoroso foi a grande marca do trabalho de Newton, em particular no Livro 3 do *Principia*, que trata da Gravitação. Ainda assim, Hooke merece crédito por seu envolvimento de natureza um tanto mais "especulativa" em assuntos que podemos dizer terem sido "de ponta" na época, e de fato pode ser tido como tido o último grande representante da abordagem Baconiana à filosofia natural, baseada em indução, antes da grande mudança de paradigma iniciada por Newton e que discutiremos adiante.

Christiaan Huygens: impacto e rotação

O holandês Christiaan Huygens (1629 - 1695) foi um dos mais importantes cientistas da Revolução Científica, com grandes contribuições para a Óptica e a Mecânica [Andriesse 2005].

Filho de um amigo de Descartes, Huygens foi criado e educado como um Cartesiano, mas desde cedo estava disposto a questionar seus mestres. Possivelmente inspirado pela precisão matemática de Galileu, uma de suas principais contribuições foi na descrição de impactos, um dos principais problemas da Física Cartesiana, que tratou no *De motu corporum* (Sobre o Movimento dos Corpos) [Bos 1972].

Figura 3.78. Christiaan Huygens

Huygens usou um experimento mental para explorar o problema das colisões. Neste exemplo perfeitamente holandês, um homem segue um canal sobre um barco, enquanto outro o assiste das margens do canal (Figura 3.79). Cada um dos homens segura em cada mão uma esfera pendendo de um barbante, que eles podem fazer colidir ao juntarem suas mãos. Dessa forma, os dois homens seriam capazes de causar cada um a mesma colisão quando um passasse pela frente do outro.

Entretanto, de acordo com a velocidade do barco, o homem na margem veria colisões diferentes: enquanto para o homem no barco as duas esferas parecem sempre deslocarem-se uma na direção da outra, para o homem na margem pode parecer tanto que os dois corpos começam em movimento, ou apenas um deles. Em particular, para uma dada velocidade do barco, ele vê a esfera mais massiva colocando a menos massiva em movimento; para outra, é a menos massiva que coloca a outra em movimento. Assim, Huygens concluiu, em oposição a Descartes, que um corpo pode ser movido por qualquer outro corpo que colida com ele, e não que somente corpos mais massivos podem mover corpos menos massivos.

O mesmo experimento mental foi usado para discutir o princípio da conservação de movimento, ou momento. Huygens formula a versão Cartesiana do princípio como

"Quando dois corpos rígidos colidem um com o outro, se um deles mantém após o impacto todo o movimento que tinha, o outro também nem perdem, nem ganha movimento"
[Westfall, 1978] (tradução própria)

Figura 3.79. Ilustração original do livro de Huygens com o experimento descrito acima.

Huygens mostrou ainda que, variando a velocidade do barco, sempre é possível construir um referencial do homem na margem onde a afirmação acima é verdadeira, e concluiu que, para *todos* os impactos,

"É que o centro de gravidade de dois ou três ou tantos corpos quanto você quiser move-se sempre, antes e depois do impacto, uniformemente em uma linha reta na mesma direção",
[Westfall, 1978] (tradução própria)

implicando que *todo* impacto pode ser resolvido por um tratamento puramente cinemático, pela aplicação do princípio de conservação do movimento, como na definição acima, sem fazer qualquer referência às forças envolvidas, ou a sua natureza.

Crucialmente, Huygens ainda seguia a definição de Descartes da "quantidade de movimento", tratando-a como um *escalar*, e não um *vetor*. Nesse caso, a formulação original Cartesiana da conservação de movimento torna-se inválida: basta que somente um dos corpos inverta o sentido do movimento para que ela seja violada. Huygens mostrou, entretanto que a quantidade escalar que é *absolutamente* conservada em impactos (de corpos rígidos) é mv^2. Essa é a ideia precursora da *conservação de energia*, e no futuro constituiria uma alternativa complementar à Mecânica estritamente Newtoniana.

Huygens em seguida voltou-se para a descrição do movimento circular. Aqui ele aceitou a conclusão de Descartes da existência de uma tendência de corpos a"fugirem" do centro do movimento, e deu um nome a essa tendência – força centrífuga. Por meio de geometria, foi o primeiro a determinar a fórmula da força centrífuga que ainda usamos hoje,

$$F = \frac{mv^2}{r} \quad , \qquad (3.8)$$

e foi também o primeiro a demonstrar sua utilidade, calculando o período de um pêndulo de comprimento L como $2\pi\sqrt{L/g}$, que não depende da massa! É notável também o uso por Huygens do termo "força", uma quantidade que ainda não estava bem definida na época, por vezes usado para descrever o que hoje conhecemos como energia, na forma do que Leibniz chamou de "*vis viva*", no lugar da causadora do movimento forçado Aristotélico, a "*vis motrix*" de Newton.

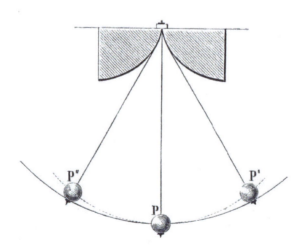

Figura 3.80. Rascunhos de Huygens para a solução do movimento do pêndulo.

Existe também uma importante contribuição de Huygens que merece destaque: os trabalhos em Óptica, expostos no seu livro *Traité de la Lumière* (Tratado Sobre a Luz), de 1678. A natureza da luz era outro problema "quente" da época e viu grandes embates entre Huygens, Newton e Hooke. De fato, já havia antecedentes de trabalhos relevantes neste último tema, que pode ou não ter conhecido [Westfall 1978].

O italiano Guarino Guarini (1624 – 1683), por exemplo, discutiu na sua obra *Placita Philosophica (Um Sistema de Filosofia)* a ideia de que a luz é *substância*, e não um "ente acidental" como opinava Aristóteles. Guarini vê a luz como entidade física com velocidade própria [McQuillan 1992]. A diminuição da intensidade pode, segundo ele, variar em função do meio atravessado, mas está numa proporção muito precisa em relação à distância. Esta visão o leva a firmar que a luz não pertence aos corpos transmissores nem aos que a recebem; e que permeia todo o Universo. Guarini vai além e afirma que a luz propaga-se a partir do corpo luminoso como um *envelope esférico*, no qual convergem as ondas emitidas pelas partículas individuais, o que é precisamente o que Huygens viria a propor no *Traité de la Lumière*, chamando-o de "envelope das ondas". Guarini enxerga assim a conservação da energia levada pela luz e antecipa muito da teoria ondulatória de Huygens. Mas ao ser este uma figura fundamental na Revolução Científica somente seu nome ficou associado a estas questões.

No *Traité*, Huygens começa com uma ideia ondulatória da luz, em contraste com a teoria híbrida de Descartes, de ondas de pressão que comportam-se como corpúsculos. Sua proposta é que em cada ponto da frente de onda novas frentes são radiadas (Figura 3.81), o que ficou conhecido como *Princípio de Huygens-Fresnel* (encontraremos Fresnel no final do século XVIII). Com este quadro é possível reobter toda a Óptica Geométrica de Kepler e tratar problemas difíceis, tais como a difração, que não são resolvidos com os raios de luz.

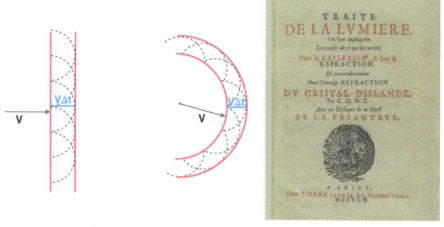

Figura 3.81. Esquerda: ilustração gráfica do Princípio de Huygens-Fresnel. Direita: a capa de *Traité de la Lumiere* (1680)

Huygens também foi o mentor de Mecânica e Matemática de um dos pais do Cálculo, Leibniz, que começaria a usar o conceito de *força* em suas discussões. Entretanto, Leibniz, assim como Descartes e Huygens, imaginava força como algo *contido* por corpos, e não algo que *age* sobre eles. Essa última inovação ficaria a cargo de Newton, como veremos a seguir.

Newton e o ápice da Revolução Científica

"Sustentado nos ombros de gigantes" como Kepler e Galileu, o papel da obra de Newton para o desenvolvimento da Ciência é sem dúvidas fundamental. A Filosofia e os detalhes das contribuições de Newton já foram discutidos inúmeras vezes, e aqui só apontaremos algumas observações de caráter geral. O vulto da obra de Newton quase ofusca sua preocupação pela natureza da matéria, que vai muito além dos seus estudos místicos da Alquimia. Além de atribuir à matéria a propriedade da gravidade e da inércia, foi co-autor da *teoria corpuscular* da luz, semente do atual conceito de fóton e perfeitamente coerente com a visão mecanicista da qual é o grande mestre. Em seu estudo conhecido como Óptica em muitos momentos ele fala das propriedades da matéria, como elasticidade, coesão, estados que a matéria adquirem em função da temperatura e fluidez. Fez arguições sobre o tamanho das partículas de luz e até especulou sobre uma eventual transmutação da "luz em corpo e o corpo em luz".

Já vimos que na época (1678), Christiaan Huygens tentava explicar a natureza da luz como um fenômeno ondulatório, inspirado no fenômeno de difração entre as ondas de água e os fenômenos sonoros. Com o seu modelo Huygens conseguia fazer previsões de propriedades da luz melhores que aquelas previstas pela teria corpuscular. Tal teoria seria desenvolvida posteriormente por Thomas Young ao usar a teoria ondulatória para descrever a interferência da luz. Tanto Newton quanto Huygens propuseram métodos de medir a distância às estrelas por meio da luz desenvolvendo as primeiras metodologias para traçar as escalas do Universo.

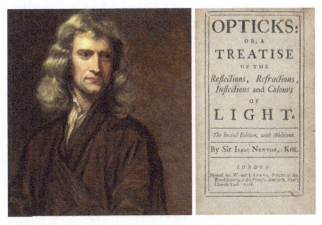

Figura 3.82. Retrato de Newton aos 46 anos por Godfrey Kneller e a capa da sua obra *Opticks*.

Newton estudou vários fenômenos ópticos de grande interesse que abriram o caminho para o florescimento da Astronomia como ciência observacional moderna. A contribuição Newtoniana à dinâmica é monumental e muito bem conhecida. Quando aplicada ao movimento dos astros atingiu níveis de compreensão e simplicidade abrangentes que ainda hoje apreciamos. A aplicabilidade geral da dinâmica Newtoniana a sistemas planetários e estelares constituiu um marco nestes estudos, e apesar de em momento algum ter surgido uma Cosmologia propriamente Newtoniana, sua aplicação fundada em alguns princípios cosmológicos, permitiram uma descrição matemática, reinterpretada no contexto da Relatividade Geral, que facilita em muito a construção de um modelo para descrição do Universo.

Os estudiosos passaram a compreender cada vez mais o papel do *reducionismo*, ou seja, reduzir os sistemas à análise das suas componentes. Uma relação recíproca entre desenvolvimento científico e econômico começou a se estabelecer. E assim como numa máquina cada peça que a compunha cumpria um papel na tarefa final de produção, o crescimento e a complexidade das ciências passavam a exigir especializações, que acabaram por desvincular os estudos da microestrutura da matéria à da macroestrutura do Universo. A industrialização e suas necessidades favoreceram o desenvolvimento da Química (devido à necessidade de se separar metais, por exemplo) e a Termodinâmica (em cujo princípio se fundamentavam as máquinas). Foi neste contexto que foram concebidos o *calórico* e o *flogisto*; partículas ou fluídos com propriedades bem particulares que explicariam a condução do calor e a combustão respectivamente (vide a seguir). Em diversos momentos da história das partículas, postulações sobre existência de uma dada partícula ocorreram, ora devido a uma lacuna nos modelos físicos até então vigentes, ora por uma necessidade ou consequência real de modelos mais acertados.

Óptica, Dinâmica e rigor matemático

Nascido em Woolsthorpe, um pequeno vilarejo inglês, um ano após a morte de Galileu, Isaac Newton (1643 – 1727) viveu os primeiros anos de sua vida no turbulento cenário da Guerra Civil Inglesa, que só terminou definitivamente com a restauração da monarquia em 1660, ano no qual emergiu a Royal Society, a partir do apoio do novo rei, Carlos II, conquistados pelos cientistas da época, como Boyle. Newton ingressou na Universidade de Cambridge em 1661, onde permaneceu até 1665, retornando para Woolsthorpe durante o período da Grande Peste de Londres de 1665-1666. Esse período em casa ficou conhecido como seu *annus mirabilis*, quando começou seu trabalho na Óptica e teve os primeiros insights que levariam à Gravitação Universal, como vimos na troca de cartas com Hooke [Smith, 2008].

A natureza da luz: corpuscular ou ondulatória?

Como vimos, desde Kepler, e simultaneamente aos desenvolvimentos na Mecânica que temos discutido, o campo da Óptica passava por um período igualmente ativo, e compartilhando de muitas das mesmas personagens principais, incluindo Hooke, Newton e Huygens.

Não será surpresa que a contribuição de Hooke para a Óptica tenha estado relacionada ao seu trabalho com o desenvolvimento do primeiro microscópio, observação de microorganismos e a subsequente publicação do *Micrographia*. No próprio *Micrographia* ele defendeu uma teoria *ondulatória* da luz, a qual comparou com ondas de água. Huygens, como já abordamos, teve sua maior contribuição na forma do *Traité de la Lumière*.

Figura 3.83. O experimento de decomposição da luz branca por um prisma (acima) e o fenômeno dos anéis de Newton (abaixo).

Newton produziu contribuições notáveis ainda entre 1672 e 1676, incluindo sua famosa demonstração de que a luz branca resulta da combinação de luz das cores visíveis, e que cor é uma propriedade intrínseca da luz, nos experimentos com prismas publicados em 1672. Mais tarde, em 1675, ele partiu das observações de Hooke no *Micrographia* e estudou o fenômeno hoje conhecido como *anéis de Newton*, a partir do qual pôde demonstrar que a reflexão também é capaz de separar as diferentes cores que compõem a luz branca.

De forma geral, Newton propôs um sistema onde a luz é composta por corpúsculos, e que atraiu crítica de Hooke e de Huygens, este argumentando que Newton não havia oferecido uma explicação mecânica para a diferença entre as cores. Em resposta, Newton argumentou que seu objetivo era somente descrever fenômenos, e não explicar suas causas. Assim, se afastou da Metafísica, centrando seu interesse em saber como as coisas funcionam, mas não *por que* o fazem, da mesma maneira que faria no Livro 3 do *Principia* com a Gravitação.

Em 1678, Huygens publicou o *Traité de la Lumière*, e em 1704 Newton o *Opticks* (Óptica), dois livros que expunham teorias rivais para a luz: a ondulatória e a corpuscular, respectivamente. Mas em comum, ambos propunham a existência de um éter composto de minúsculas partículas sobre o qual se propagavam as ondas ou que alteravam as trajetórias dos corpúsculos. Newton foi corpuscularista e ao associar a luz com um tipo de corpúsculo, chegou também a especular a respeito da transformação de "luz em matéria e matéria em luz".

Graças em parte à dominância da Mecânica Newtoniana, a teoria corpuscular também seria dominante até o começo do século XIX, quando evidências experimentais levaram a um retorno à teoria ondulatória. Já a procura pelo "éter luminífero" perduraria até o começo do século XX, ligando-se diretamente ao desenvolvimento da Relatividade Especial de Einstein.

O papel central de Wren, Hooke e Halley para a obra de Newton

Anteriormente, vimos como o contexto em que Newton trabalhou já era rico em especulações a respeito dos princípios mecânicos do Universo e sobre a natureza da força da gravidade, temas que seriam ambos tratados no *Principia*. Os princípios da escrita do trabalho, publicado em 1687, são traçados até 1684, na ocasião de uma visita de Edmond Halley (1656 – 1742), astrônomo e matemático, e o primeiro a calcular a órbita do cometa que hoje recebe seu nome. Nessa época, Hooke já havia proposto para a *Royal Society* a ideia de que o movimento orbital seria uma composição de uma componente tangencial à orbita e uma centrípeta e, em resposta a isso, Cristopher Wren (1632 – 1723), astrônomo, arquiteto e fundador e presidente da *Royal Society*, propôs um desafio a Hooke e Halley: conciliar a proposta de Hooke com as três já bem conhecidas Leis de Kepler.

Nesse momento, o trio Wren-Hooke-Halley já haviam chegado à hipótese da gravidade como uma lei do inverso do quadrado – como Newton mencionaria na 2ª edição do *Principia* – mas Hooke não pôde provar formalmente que a lei correspondia às Leis de Kepler, e Halley só pôde fazê-lo para o caso circular, por meio da terceira lei de Kepler e a fórmula de Huygens para a força centrífuga. Foi esse o problema que Halley levou a Newton em sua visita, ao que Newton prontamente respondeu que já havia resolvido o caso geral (ou seja, o chamado *problema de Kepler*), e que a órbita resultante da lei do inverso do quadrado era uma *elipse*.

Sem conseguir imediatamente os manuscritos das suas contas, e sob encorajamento de Halley, Newton primeiro refez a dedução formal da órbita, e em seguida expandiu seu trabalho para uma discussão geral da Mecânica que se tornaria depois o *Philosophiae Naturalis Principia Mathematica* (Princípios Matemáticos da Filosofia Natural), ou simplesmente *Principia*, editado e custeado inteiramente por Halley [Iliffe 2007].

Esses eventos se passaram alguns anos após a correspondência entre Hooke e Newton de 1679/80 sobre órbitas, e foi na primeira apresentação do manuscrito do *Principia* à *Royal Society*, em 1686, que Hooke levantou sua reinvindicação de autoria da lei da gravitação, dando início ao embate com Newton, que somente graças à intervenção de Halley não abandonou completamente a publicação do trabalho.

De acordo com Halley, Hooke teria se referido somente à "noção" da lei do inverso do quadrado, ao mesmo tempo em que reconhecia que a demonstração da órbita geral resultante dessa lei era inteiramente devida a Newton. Tal animosidade pode ter sido a razão pela qual Newton, entre 1686 e 1687, reorganizou o livro e reescreveu a parte que discutia a Gravitação em um estilo muito mais matematicamente formal. Em suas próprias palavras no Livro 3 do *Principia*, a versão preliminar havia sido escrita *"em um método popular, tal que ele possa ser lido por muitos"*; entretanto, para *"prevenir disputas"* por leitores que não pudessem *"deixar de lado seus preconceitos"*, ele havia a reescrito *"na forma de proposições (na maneira matemática) que deveriam ser lidas somente por aqueles que tinham primeiro feito de si mestres dos princípios estabelecidos nos livros anteriores"*.

Os Principia

Finalmente publicado em 1687, o *Principia* estabeleceu em três partes (intituladas *Livros*) as bases da Mecânica Clássica moderna. Enquanto os Livros 1 e 2 lidam com o problema do movimento de corpos, no primeiro na ausência de resistência do meio, e no segundo na presença desta, o Livro 3 foi inteiramente dedicado à Gravitação Universal e suas consequências. Uma versão preliminar do Livro 3 foi publicada em inglês, por uma pessoa desconhecida, sob o título de *A Treatise of the System of the World* (Um Tratado sobre o Sistema do Mundo), e provou-se popular devido a sua maior acessibilidade.

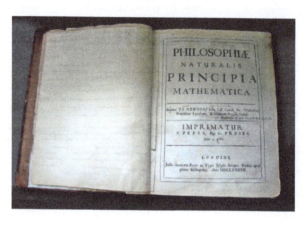

Newton começa a obra com uma série de definições, onde estabelece tempo, espaço e movimento absolutos, como

> "tempo [..] absoluto, de si, e de sua própria natureza [...] flui igualmente sem relação a qualquer coisa externa",

> "espaço absoluto, de sua própria natureza, sem relação a qualquer coisa externa, mantém-se sempre similar e imóvel".

Em contraste, tempo e espaço *relativos* são definidos a partir de referências externas, como a distância entre dois corpos ou o comprimento de um dia (que varia ao longo do ano). Já estas "meras" definições são uma importante demarcação das posições de Newton: existem um tempo e um espaço com existência física própria, além de mera conveniência matemática. Este não é um ponto trivial, uma vez que admite que o espaço pode existir mesmo quando é um vácuo, uma velha controvérsia da Filosofia Clássica. Para além disso, a existência de um espaço e tempo absolutos tem implicações profundas para a definição e realidade das leis da Natureza, questão que continuou a gerar discussões cada vez mais acirradas até o começo do século XX [Rynasiewicz 2022].

Movimento real, ou absoluto, é portanto apenas aquele que ocorre em relação ao espaço e tempo absolutos – qualquer outro é puramente aparente. Por exemplo: malas dentro de um carro aparentam estarem paradas para um passageiro mas não para um observador na calçada, se o próprio carro está em movimento em relação à calçada; e mesmo o carro "parado" na verdade está se movendo em torno do Sol, com a Terra. Mas se até mesmo o Sol se move, há um fim para essa sequência? Podemos distinguir entre movimento real e aparente? Sobre essa dificuldade, Newton diz que

> *"Ainda assim, o caso não é completamente sem esperança. Pois é possível obter evidência em parte de movimentos aparentes, que são a diferença entre movimentos reais, e em parte das forças que são as causas e efeitos dos movimentos verdadeiros [...]"*

Todo o restante dos *Principia* é colocado como uma demonstração dos métodos pelos quais é possível identificar movimentos reais "a partir de suas causas, efeitos e diferenças". As ferramentas básicas para tal são as Leis do Movimento, ou Leis de Newton.

O Principia: *Leis do Movimento*

> *"Todo corpo continua em seu estado de repouso ou movimento uniforme em uma linha reta, a não ser que impelido por uma força a mudar esse estado"*
> Primeira Lei do Movimento

A "primeira lei de Newton", conhecida como *lei da inércia*, retoma o princípio de conservação de momento já discutido por Galileu e Descartes, e generalizado por Huygens. O movimento natural (inercial) dos corpos é constante e em linha reta, não em direção a um centro universal, como dizia Aristóteles.

A lei da inércia estava intimamente ligada ao espaço absoluto, uma vez que é em relação a ele que o repouso ou movimento é definido. Já em sua interpretação moderna, é uma afirmação da relatividade Galileana: nenhuma lei natural permite a distinção entre objetos em repouso e em movimento em relação a um espaço absoluto. Portanto, não existe referencial absoluto (privilegiado).

> "A mudança da quantidade de movimento é proporcional a força aplicada, e toma lugar na direção da linha reta ao longo da qual essa força age"
> Segunda Lei do Movimento

Estritamente, em sua definição original a lei seria expressa como $F = \Delta(mv)$, considerando a força aplicada sobre um intervalo Δt. Para um Δt tendendo a 0 ela adquire a forma pela qual mais é conhecida hoje,

$$F = ma \quad , \qquad (3.9)$$

Note-se que na forma geral $F = \Delta(mv)$, a utilizada por Newton, esta relação permite tratar problemas de massa variável, por exemplo.

Significativamente, a Segunda Lei marca a introdução formal do conceito de *força* na Mecânica. Não mais uma propriedade do corpo em movimento, a força se torna um elemento abstrato que age sobre o corpo, causando alteração no movimento. A admissão de "entidades abstratas" como forças seria um dos pontos mais controversos do trabalho de Newton.

> "Para toda ação há sempre uma reação igual e contrária; ou, as ações mútuas de quaisquer dois corpos são sempre iguais e direcionadas opostamente"
> Terceira Lei do Movimento

Chamada de *princípio de ação-reação*, a Terceira Lei encontrava equivalentes em outras duas formulações já existentes, discutidas por Huygens: a conservação de momento linear, e a conservação do movimento do centro de gravidade de corpos que interagem. Entretanto, ao contrário dessas, o princípio ação-reação se baseia em *forças*, como as outras duas primeiras leis Newtonianas.

Enquanto as formulações de Huygens são afirmações universais, o princípio de ação-reação é *local*, isto é, faz referência a eventos individuais, com prova experimental mais simples. De fato, é somente para a Terceira lei que Newton acha necessário propôr experimentos que possam prová-la.

A significância de Newton e de seu confronto com Hooke

As ideias propostas nos Livros 1 e 2 do *Principia* encontraram forte oposição na época. A ausência de explicações dos mecanismos por trás das forças foram vistos por Huygens, Hooke, os Cartesianos e outros como um retorno ao Naturalismo Renascentista, despriorizando os porquês, ao contrário do Mecanicismo prevalente. Mas a controvérsia iria ainda mais longe com o Livro 3, que tratou da Gravitação.

E é em torno da Gravitação que vemos o maior contraste entre a abordagem de Newton à Filosofia Natural e aquela de seus contemporâneos, em seu embate com Hooke. Para além de uma discussão sobre uma autoria da lei, podemos enxergá-la como um conflito de perspectivas opostas sobre o próprio *significado* de autorar uma conclusão sobre um fenômeno natural. O ponto de Hooke, como explicitamente afirmado por ele próprio segundo Halley, girava em torno da mera noção de Gravitação como uma lei do inverso do quadrado. Newton afirmou ter chegado independentemente a essa noção muito antes de Hooke transmiti-la a ele; e ainda além, não obstante esse relato, sob a ótica Newtoniana a mera *noção* da lei não poderia dar a Hooke o crédito por ela sem que ele fosse capaz de prová-la com rigor matemático.

Esse talvez seja a distinção chave entre o que geralmente chamamos de Filosofia Natural e o que chamamos de Física ou Química, e não é à toa que, quando falamos da Física Atômica moderna, damos o crédito principalmente aos trabalhos no século XX. de Rutherford e Bohr, enquanto Leucipo e Demócrito, no século V a.C., recebem uma forma de "menção honrosa".

Por essas razões, o real impacto de Newton vai muito além de fornecer a estrutura, ferramentário e rigor para a Mecânica e a Gravitação, e tem um alcance geral como uma quebra de paradigma na História da Ciência, que dá o chute inicial para o rompimento lento, mas definitiva, entre aquilo que viríamos a chamar de Ciências Exatas e as Ciências da Vida e Humanas.

Gravitação e Cosmologia Newtonianas

Acabamos de ver as principais contribuições de Newton para a Óptica e para a Dinâmica, esta última desenvolvida nos Livros 1 e 2 de uma das obras mais importantes da história da ciência, o *Principia*. Uma das inovações propostas é o conceito de *força*, e no Livro 3 Newton estabelece uma descrição inovadora, e que viria a se provar extremamente bem-sucedida, para uma força específica: a *gravitacional*.

Figura 3.84. Retrato de Newton aos 69 anos, por James Thornhill.

Com seu trabalho na *Mecânica Celeste* e *Cosmologia*, Newton se sagraria também como um dos nomes mais importantes na história da Astronomia. Concluíremos agora a nossa discussão sobre Newton abordando essas contribuições.

A Gravitação Universal

Newton já vinha tratando do problema do *movimento circular* ao longo dos anos 1660. Nessa época, entretanto, o problema ainda era encarado em termos de uma "tendência a recuar" do corpo em rotação – a força centrífuga de Huygens. A própria solução de Newton precisava envolver "obstáculos imaginários" contra os quais o corpo em rotação colide, exercendo uma força igual à centrífuga.

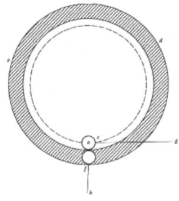

Figura 3.85. Newton calculou a força exercida pelo corpo sobre um anel externo ao longo de uma revolução, como aproximação ao problema completo.

Em seguida, Newton aplicou a fórmula da força centrífuga à 3ª lei de Kepler para os planetas, assumindo *órbitas circulares*, e comparou suas "tendências centrífugas". Com base nos valores disponíveis para o raio da Terra e a distância Terra-Lua, ele também comparou a *tendência centrífuga da Lua* com a *aceleração gravitacional na superfície da Terra*. Nos dois casos, a conclusão foi de que a tendência centrífuga caia aproximadamente com *o inverso do quadrado da distância*. Esse teria sido seu insight independente para a forma da lei da gravitação, obtido durante o período da Peste.

Como vimos, Hooke supôs que a Gravitação era uma força entre todos os corpos celestes, seguindo a mesma relação. A primeira grande inovação de Newton fica clara: ao associar a força centrífuga sobre os planetas com a Gravitação na superfície da Terra, abriu-se a porta para que esta fosse uma força *universal* – que mantém a Lua em órbita, e também faz cair uma maçã.

Figura 3.86. Não há diferença fundamental entre a queda de uma maçã, da Lua ou mesmo o Sol, para horror de Aristóteles. O espírito unificador da Ciência em plena ação com Newton.

Já em 1679, estimulado pela troca de cartas com Hooke, Newton demonstrou que se um corpo faz uma *órbita elíptica* em torno de um centro atrativo (1ª lei de Kepler), a atração deve seguir $F \propto 1/r^2$. Como discutimos, ao contrário de Hooke Newton demonstrou rigorosamente esse resultado – e essa demonstração foi o trampolim para a escrita do *Principia*.

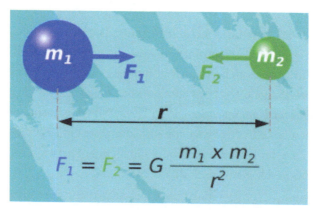

Figura 3.87. Força gravitacional entre dois corpos de massas m_1 e m_2, separados por uma distância r.

Sempre priorizando as demonstrações, Newton ainda mostrou o *sucesso prático* de sua teoria para descrever, por exemplo, as marés e a órbita lunar, e também que todas as Leis de Kepler podiam ser *derivadas rigorosamente* de seu sistema. Enquanto a 3ª lei vem da Gravitação e da força centrífuga, a 2ª é derivada no Livro 1 a partir da lei da inércia. A demonstração da 1ª lei, bem mais complicada, foi um dos principais triunfos da teoria [Wilson 1988].

Depois disto, no Livro 2, Newton dedica várias páginas para atacar a teoria dos vórtices de Descartes. Newton parece ter acreditado num *vácuo verdadeiro* entre os corpos celestes, sem aceitar a teoria de um éter mecânico ocupando o espaço entre todos os corpos, o que certamente era permitido por seu espaço absoluto. A discussão no Principia é semi-quantitativa, mas suficiente para mostrar, por exemplo, que um vórtice de densidade constante permitiria qualquer semieixo da órbita de um planeta. O caráter elíptico das órbitas, bem estabelecido por Kepler, ficava também sem explicação na teoria de Descartes [Westfall 1978]. Em suma, Newton trouxe a ideia dos vórtices para a arena da discussão e a combateu com as mesmas ferramentas que tinha utilizado para formular seu gigantesco edifício teórico e conceitual. Devido à falta de desenvolvimento matemático e também à falta de acordo com algumas observações, a teoria dos vórtices sumiu totalmente pela metade do século XVIII.

Hypotheses non fingo

Apesar do sucesso prático da teoria, na época de sua publicação ela encontrou forte oposição, devido à aparente implicação de que a Gravitação *descartava o contato direto* entre corpos para ser transmitida, e que também *agia instantaneamente*. Com o nome de problema da *ação à distância*, essa controvérsia perdurou até o advento da gravitação Einsteniana no começo do século XX, e sobrevive ainda hoje na Mecânica Quântica. Quanto ao próprio Newton, ele escreveu, no final da segunda edição do *Principia*,

> "*Mas até agora eu não pude descobrir a causa dessas propriedades da gravidade por fenômenos, e eu* não faço hipóteses; *pois qualquer coisa que não é deduzida de fenômenos deve ser chamada uma hipótese; e hipóteses, sejam metafísicas ou físicas, sejam de qualidades ocultas ou mecânicas, não têm lugar na Filosofia experimental.*"

"Não faço hipóteses" – *hypotheses non fingo* – se tornou uma das frases mais famosas escritas por Newton. Apesar do fato de que Newton *fazia sim hipóteses*, ela encapsula perfeitamente a mudança de paradigma filosófico e metodológico iniciada por ele, contribuindo para colocar firmemente a *demonstração* acima da especulação [Harper e Smith 1988].

O Cosmos de Newton

Embora nos cursos de Física enfatiza-se os aspectos metodológicos e instrumentais "laicos" de Newton, este foi profundamente religioso, e escreveu pelo menos 600 cartas tratando de vários aspectos da Teologia. Assim, não é estranho o fato que Newton enxergasse a aplicação da sua teoria ao Universo todo como uma *prova* da perfeição da Criação. Isto nunca aparece diretamente na sua obra científica, mas não há duvidas da sua fé num Criador [Force e Popkin 2010].

Newton considerou o Universo sujeito às Leis que tinha formulado para a Mecânica em mais de uma ocasião. Uma série de cartas que trocou com o teólogo Richard Bentley (1662 – 1742) entre 1692 e 1693 são particularmente reveladoras [Kerszberg 1986].

A visão de Newton do Universo consistia em uma distribuição esférica de estrelas com densidade uniforme. Mas percebeu logo que uma solução *estática* (preferida por razões estéticas e teológicas) era impossível: um universo finito, onde cada estrela interagisse com todas as outras gravitacionalmente, obrigatoriamente colapsaria em um tempo finito. Newton percebeu que poderia contornar o problema postulando um universo espacialmente infinito, mas nem assim ficou satisfeito.

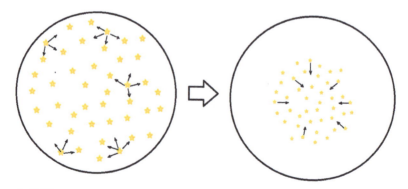

Figura 3.88. Um universo *finito* (círculo preto) onde cada estrela amarela atrai gravitacionalmente todas as outras *colapsaria* em um *tempo finito*. Esta instabilidade gravitacional (local) seria retomada por J. Jeans no fim do século XIX para explicar a formação de estrelas.

Newton nunca provou que um Universo infinito tinha uma solução estática (de fato, não tem, o que veremos ter causado grande dor de cabeça a Einstein). Assim, o Cosmos Newtoniano não poderia ser imutável, a menos que seja vazio, como é possível demonstrar com as ferramentas do Cálculo Vetorial e potenciais, ainda não existentes na época.

Com um grau maior de formalidade, pode-se obter a força gravitacional (um vetor) $\vec{g}$ das soluções de um potencial (escalar) ϕ, fazendo as derivadas ou variações espaciais simbolicamente representadas como $\vec{g} = \vec{\nabla}\phi$. Este potencial gravitacional, por sua vez, é a solução da chamada *equação de Poisson*,

$$\nabla^2 \phi = \vec{\nabla}.(\vec{\nabla}\phi) = 4\pi G \rho \qquad , \qquad (3.10)$$

que diz que é a distribuição de massa a que determina o potencial. Mas se queremos um Universo estático, esta força líquida deve ser zero em todo lado, $\vec{g} = \vec{\nabla}\phi = 0$, e pela equação de Poisson isto é possível só se $\rho = 0$. Ou seja, um Universo estático deve ser *vazio de matéria*. Não é isto o que descreve o universo real de Newton.

Pode-se trabalhar toda a Cosmologia Newtoniana e mostrar que conduz a uma descrição muito similar aos universos dinâmicos de A. Friedmann, desenvolvidos no começo do século XX. Mas Newton não cogitou jamais universos em expansão ou contração, embora nos tenha presenteado com um esquema matemático e conceitual 200 anos antes do florescimento da Cosmologia. Em todo caso é notável que, pela primeira vez na história da Ciência, fez-se disponível um formalismo que permitisse calcular *quantitativamente* o comportamento do Universo, sendo o maior sistema imaginável, mas sujeito às mesmas leis da Dinâmica que todo o resto da matéria.

A exemplo do próprio Albert Einstein, os membros do GARDEL e praticamente todos os Físicos, somos profundamente Newtonianos. Nunca houve na história das Ciências alguém que esclarecesse tantas coisas numa vida só. Ferramentas fundamentais como o Cálculo e as Leis da Dinâmica permitiram um avanço sem precedentes no fim do século XVII, abrindo caminho para outros desenvolvimentos e sínteses importantes.

O nome de Newton aparece com força em qualquer conversa ou escrito que trate dos grandes pensadores da humanidade. Não é pouco, e estaremos sempre em dívida com aquele que nos permitiu continuar hoje a tarefa de explorar o "oceano" do conhecimento, em suas próprias palavras.

Referências ao Capítulo 3

1. J. Matula e P. R. Blum. *Georgios Gemistos Plethon: The Byzantine and the Latin Renaissance* (Cambridge University Press, UK, 2018)

2. G. Vasari. *Le vite de' più eccellenti pittori, scultori, e architettori* (Ed. Torrentino, Firenze, 1550)

3. J. Michelet. *Histoire de France: La Renaissance* (Ed. Chamerot, France, 1855)

4. J. Burckhardt. *Die Cultur der Renaissance in Italien* (Schweighauser'sche Verlagsbuchhandlung, 1860)

5. L. A. Nepomuceno. *Humanismo e Modernidade - Petrarca faz 700 anos* (Revista de Italianística **10-11**, 2005)

6. A. P. Damião. *O Renascimento e as origens da ciência moderna: Interfaces históricas e epistemológicas* (História da Ciência e Ensino **17**, 2018)

7. A. Koyré, *Do mundo fechado ao Universo infinito.* (EDUSP, São Paulo, 1979)

8. A. Koestler. *Os Sonâmbulos: a história do homem sobre o Universo* , (Ed Ibrasa, São Paulo, 1961)

9. A. R. Jones. *Ptolomeiac system* (Encyclopaedia Britannica, 2023)

10. J.-P. Luminet. *Geometry and the Cosmos 3: from Ptolemy's circles to inflationary cosmology (*e-Luminesciences, 2018). https://blogs.futura-sciences.com/e-luminet/2018/03/28/geometry-cosmos-3-ptolemys-circles-inflationay-cosmology/

11. R. S. Westman. *The Copernican Question: Prognostication, Skepticism, and Celestial Order* (University of California Press, USA, 2011)

12. R. S. Westman. *How Did Copernicus Become a Copernican?*. Isis **110**, 296 (2019)

13. J.L.E. Dreyer. *Tycho Brahe A Picture of Scientific Life and Work in the Sixteenth Century* (Cambridge University Press, UK, 2014)

14. G. Almási, *Tycho Brahe and the Separation of Astronomy from Astrology: The Making of a New Scientific Discourse* (Cambridge University Press, UK, 2013). philpapers.org/rec/ALMTBA

15. C. R. Tossato. *Tycho Brahe e a precisão das observações astronômicas*. Intelligere **13**, 92 (2022)

16. A. Medeiros. *Entrevista com Tycho Brahe*. Física na Escola **2**, 2 (2001)

17. Marcelo Gleiser. *A Harmonia do Mundo* (Companhia das Letras, São Paulo, 2006)

18. J. Napier, *Mirifici Logarithmorum Canonis Descriptio* (Hart, 1614)

19. C. Sagan e A. Druyan. *Cosmos, Episode 3: Harmony of the Worlds* (KCET, USA, 1980)

20. D. Knox. *Giordano Bruno* (The Stanford Encyclopedia of Philosophy, 2019) plato.stanford.edu/entries/bruno/

21. G. Bruno. *Obras Italianas* (Ed. Perspectiva, São Paulo, 2002)

22. P. Machamer e D. M. Miller. *Galileo Galilei* (The Stanford Encyclopedia of Philosophy, 2021).

plato.stanford.edu/entries/galileo/

23. S. Morris. *Galileo Galilei and the Medici* (The Seventeenth Century Lady, 2017). andreazuvich.com/history/galileo-galilei-and-the-medici-a-guest-post-by-samantha-morris/

24. G. Galilei. *Discorsi e dimostrazioni matematiche intorno a due nuove scienze* (Elzevir, 1638)

25. G. Galilei. *Dialogo sopra i due massimi sistemi del mondo* (Landini, 1632)

26. A. Koyré. *Estudos de história do pensamento filosófico* (Forense Universitária, 1991)

27. M. C. dos Santos, *Experimentos e matemática na lei da queda dos corpos de Galileu Galileu* (Unicamp, Campinas, 2018)

28. C. T. Kowal e S. Drake. *Galileo's observations of Neptune* (Nature, UK, 1980)

29. R. R. Cuzinatto, E. M. De Morais e C. N. de Souza, *As observações galileanas dos planetas mediceanos de Júpiter e a equivalência do MHS e do MCU* (Revista Brasileira de Ensino de Física, 2014)

30. R. Westfall. *The Construction of Modern Science: Mechanisms and Mechanics* (Cambridge University Press, UK, 1977)

31. A. Naess. *Galileu Galilei: um revolucionário* (Ed. Zahar, RJ, 2001)

32. M. J. de Oliveira. *Theories of motion and matter from Aristotle to Galileo* (Revista Brasileira de Ensino de Física, 2022)

33. P. Machamer. *The Cambridge Companion to Galileo* (Cambridge University Press, UK, 1998)

34. I. Marusic e S. Broomhall, *Leonardo da Vinci and Fluid Mechanics* (Annual Reviews, 2021)

35. Encyclopaedia Britannica. *Evangelista Torricelli* (Encyclopaedia Britannica, UK, 2023)

36. T. E. Conlon. *Thinking about Nothing: Otto von Guericke and the Magdeburg Experiments on the Vacuum* (The Saint Austin Press, 2011)

37. Encyclopaedia Britannica. *Denis Papin* (Encyclopaedia Britannica, 2023)

38. H. Brock. *Jean de Hautefeuille* (The Catholic Encyclopedia, 2023)

39. Só Filosofia. *Francis Bacon* filosofia.com.br/bio_popup.php?id=61

40. C. Pastorino. *Francis Bacon* (em *Dictionary of Scientific Biography, Vol. 1*) (Scribner, 1970)

41. P. Burke. *A Escola dos Annales: 1929-1989* (Universidade Estadual Paulista, São Paulo, 1991).

42. M. P. Adams. *Hobbes' Philosophy of Science* (Stanford Encyclopedia of Philosophy, 2023). plato.stanford.edu/entries/hobbes-science/

43. C. Macleod. *John Stuart Mill* (Stanford Encyclopedia of Philosophy, 2020). plato.stanford.edu/entries/mill/

45. D. M. Clarke. *Descartes: A Biograpy* (Cambridge University Press, UK, 2012)

46. C. Rhoden e J. Cunha. *Francis Bacon e René Descartes: a fundamentação da ciência moderna* (Diaphonía, 2020)

47. R. Descartes. *Principia Philosophiae* (Elzevir, 1644)

48. E. Slowik. *Descartes' Physics* (The Stanford Encyclopedia of Philosophy, 2021)

49. E. J. Aiton. *The Vortex Theory of Planetary Motions* (MacDonald, 1972)

50. S. Fisher. *Pierre Gassendi* (The Stanford Encyclopedia of Philosophy, 2014)

51. R. H. Popkin. *Pierre Gassendi* (Encyclopaedia Britannica, 2023)

52. D. Clarke. *Blaise Pascal* (The Stanford Encyclopedia of Philosophy, 2015)

53. C. Jansenius. *Discours de la Réformation de l'Homme Intérieur* (Camusat, 1642)

54. J. L. Borges. *A Esfera de Pascal* (em *História Universal da Infâmia*) (Companhia das Letras, São Paulo, 2012)

55. B. C. Look. *Gottfried Wilhelm Leibniz* (The Stanford Encyclopedia of Philosophy, 2020)

56. N. Byrnes. *Leibniz monads/connection to the physical universe/atoms* (Philosophy StackExchange, 2017)

57. A. J. Durán. *Cientistas em guerra: Newton, Leibniz e o cálculo infinitesimal* (El País, 2017)

58. P. A. Fanning. *Isaac Newton e a Transmutação da Alquimia* (Danúbio, 2018)

59. R. Boyle. *Some Considerations Touching the Usefulness of Experimental Naturall Philosophy* (Oxford University Press, UK, 1663)

60. R. Boyle. *The Origine of Formes and Qualities (According to the Corpuscular Philosophy) Illustrated by Considerations and Experiments* (Oxford University Press, UK, 1667).

61. R. Sargent, *Robert Boyle* (em *Routledge Encyclopedia of Philosophy*) (Routledge, NY, 1998).

62. R. S. Westfall. *Robert Hooke* (em *Dictionary of Scientific Biography, Vol. 6*) (Scribner, 1972).

63. A. Chapman. *England's Leonardo: Robert Hooke and the Seventeenth-Century Scientific Revolution* (CRC Press, USA, 2004).

64. R. Hooke. *An attempt to prove the motion of the Earth from observations made by Robert Hooke* (Royal Society, UK, 1674).

65. O. Gal. *Meanest Foundations and Nobler Superstructures: Hooke, Newton and "the Compounding of the Celestiall Motions of the Planetts"* (Springer, Berlin, 2002).

66. I. Newton. *Philosophiae Naturalis Principia Mathematica: De motu corporum, 2 ed.* (Royal Society, UK, 1713).

67. C. D. Andriesse. *Huygens: The Man behind the Principle* (Cambridge University Press, UK, 2005).

68. H. J. M. Bos. *Christiaan Huygens* (em *Dictionary of Scientific Biography, Vol. 6*) (Scribner, 1972).

69. J. P. McQuillan. *Geometry and light in the architecture of Guarino Guarini* (Cambridge University Press, UK, 1992).

70. G. Smith. *Isaac Newton* (Stanford Encyclopedia of Philosophy, 2008).

71. R. Iliffe. *Newton: A Very Short Introduction* (Oxford University Press, UK, 2007).

72. R. Rynasiewicz. *Newton's Views on Space, Time and Motion* (Stanford Encyclopedia of Philosophy, 2022).

73. M. Wilson. *Classical Mechanics* (em *Routledge Encyclopedia of Philosophy*) (Routledge, NY, 1988).

74. W. Harper e G. Smith. *Isaac Newton* (em *Routledge Encyclopedia of Philosophy*) (Routledge, NY, 1988).

75. J. E. Force e R. H. Popki. *Newton and Religion: Context, Nature and Influence* (Springer, Berlin, 2010).

76. P. Kerszberg, *The Cosmological Question in Newton's Science* (Osiris, 1986).

Resumo do Volume 1

Navegamos ao longo deste volume por mais de dois milênios de questionamentos a respeito da constituição e organização do Universo, de Tales de Mileto a Isaac Newton. Nesse trajeto, pudemos observar várias virtudes e limitações da Filosofia Natural como ferramenta para entender o Universo, dentre as primeiras, uma curiosidade insaciável e genuína por conhecimento, seja no período Clássico ou no Medieval; e dentre as segundas, uma falha geral, com poucas mas crescentes exceções, em fundamentar argumentos nos fenômenos como observados, o que impedia a diferenciação plena, por exemplo, entre Astronomia e Astrologia.

O trabalho de Newton marca não somente a divisão entre os dois volumes deste trabalho, como também a negação contundente de qualquer *coisa que não é deduzida de fenômenos* e que, portanto, *não tem lugar na "Filosofia experimental"*. Essa posição esteve longe, na época, e continua a estar longe hoje, de estar isenta de sérios desafios, em uma Ciência que continua a evoluir e a buscar métodos diferentes de obter conhecimento seguro, fundamentada, qualquer que seja o método, no mesmo *rigor* metodológico proposto por Newton.

Convidamos o leitor que chegou até aqui a acompanhar a sequência dessa história no Volume 2, e a conhecer o novo fazer científico inaugurado por Newton, seus desafios, o nascimento da Termodinâmica, o do Eletromagnetismo e, finalmente, o da Física Moderna no século XX, o Século da Física, e a revolução da Mecânica Quântica e da Relatividade Geral.

Os Autores, Setembro de 2023

Apêndice 1

Breve linha do tempo do estudo da natureza do Universo

I. Da Pré-História até o fim da Antiguidade

4000 a.C. - Os povos da Mesopotâmia utilizavam os templos *zigurates* para realizar observações astronômicas;

2500 a.C. - A estrutura de pedras Stonehenge foi construída de forma a marcar o início e o fim dos solstícios.

1300 a.C. - Os chineses iniciaram suas observações de eclipses totalizando mais de 1.700 observações ao longo de 2.600 anos, descobrem e caracterizam os cometas mas não detém nenhuma Cosmogonia própria que mereça destaque.

1300 a.C. O fenício Mochus de Sidón formula a primeira teoria atomística conhecida.

624 a.C. - Nasce Tales de Mileto, considerado o pai da Filosofia, ao prever o eclipse solar de 28 de maio de 585.

610 a.C. - Nasce Anaximandro de Mileto, primeiro filósofo a tentar explicar racionalmente o movimento dos astros e formular uma teoria do Cosmos

600 a.C. - O atomismo indiano é desenvolvido pelo Mestre Kanada, enquanto outras escolas têm uma visão diferente da realidade do mundo físico.

588 a.C. - Nasce Anaxímenes de Mileto, quem propõe que as estrelas estão fixas em um envoltório sólido que gira em torno da Terra.

570 a.C. - Nasce Pitágoras de Samos, quem da início da ciência quantitativa e propõe que o mundo é Matemática

530 a.C. - Nasce Parmênides de Eleia, filósofo que cria o Princípio da Identidade: "o que é, é; o que não é, não é". Fundamenta a *Episteme* (conhecimento) em contraposição à *Doxa* (opinião)

500 a.C - Nasce Heraclito de Éfeso, pensador do mundo como *câmbio* e *fluxo*

494 a.C. Nasce Empédocles de Akragas, criador da doutrina dos quatro elementos

490 a.C. - Demócrito de Abdera desenvolve a teoria atomista proposta por seu mestre Leucipo.

490 a.C. - Nasce Zenão de Eleia, criador dos paradoxos contra o movimento

470 a.C. - Nasce em Atenas o filósofo Sócrates, o primeiro que se afasta dos *physikoi*.

428 a.C. - 347 a.C.- Platão desenvolve sua Metafísica com eco no pensamento de Pitágoras e Parmênides.

384 a.C. – 322 a.C. – Aristóteles usou a sombra da Terra sobre a Lua, formada durante os eclipses, como argumento para justificar o formato esférico do planeta. Desenvolvimento da Filosofia aristotélica e suas ideias das esferas de cristal no céu e a natureza dos astros (quintessência)

360 a.C. – Nasce Pirro de Élis, fundador da Escola Cética.

341 a.C. - Nasce Epicuro de Samos, fundador do Epicurismo e do "segundo atomismo"

334 a.C. - Nasce Zenão de Cítio, um dos primeiros Estóicos

335 a.C. – 323 a.C. – Guerras e conquistas de Alexandre, o Grande.

306 a.C. – Epicuro funda *O jardim* e retoma as teorias atomistas.

300 a.C. - Euclides de Megara desenvolve a Geometria na sua obra *Elementos*

287 a.C. - Nasce Arquímedes de Siracusa, precursor da Matemática, Hidrostática e vários outros campos das Ciências.

280 a.C. - Aristarco de Samos calculou as dimensões relativas do Sol, Lua e Terra e propôs o primeiro modelo heliocêntrico (com o Sol no centro)

230 a. C. – Eratóstenes mede a circunferência terrestre, usando um método irretocável e com erro surpreendeentemente pequeno.

190 a.C. – Nasce o filósofo grego Hiparco de Nicea descobriu o movimento de precessão da Terra e elaborou o primeiro catálogo com base nas posições e nos brilhos das estrelas visíveis a olho nu.

99 a.C. - Nasce Lucrécio, autor de *De Rerum Natura* e o "terceiro atomismo"

27 a.C. – Augusto funda o Império Romano.

II – Da Idade Média ao Renascimento

90 – 168- Cláudio Ptolomeu desenvolveu seu modelo geocêntrico do Sistema Solar. Nesse modelo, as órbitas planetárias são círculos (chamados de *epiciclos*), que, por sua vez, movem-se em torno de outros círculos (chamados de *deferentes*)

190 – Tertuliano escreve os cânones do cristianismo, declarando, declarando que a Filosofia é inimiga da Teologia, ratificando a Teoria Criacionista.

300 - 600 - Na Índia o desenvolvimento científico é tão importante que fala-se da Idade de Ouro. Bhāskara, Aryabatha e Brahmagupta são alguns dos nomes que contribuiram para este período de esplendor. Transmissão para Ocidente, *via* os pensadores árabes do *zero*, conceito crucial para a Matemática.

324 – Constantino unifica o Império Romano.

354 – 430 - Santo Agostinho ao fundamentar os cânones dos cristianismo com o pensamento racional neoplatônico, introduz a questão do tempo na criação do mundo. Escreve as *Confissões*.

415 – A astrônoma Hipátia é assassinada por uma turba cristã em Alexandria.

476 – Fim do Império Romano do Ocidente.

529 – Fechamento da Academia de Platão, por ordem do imperador Justiniano.

550 - João Filópono (Gramático) critica Aristóteles e desenvolve trabalhos a respeito do movimento na Biblioteca de Alexandria.

600 - Isidoro de Sevilha recolhe e sumariza o conhecimento Ocidental depois dos conturbados tempos do fim da Antiguidade.

646 - Ataque e destruição da Biblioteca de Alexandria pelos muçulmanos liderados por Amr ibn al-As.

700 - O Venerável Beda continua a obra de Isidoro nas Ilhas Britânicas

800 - Nasce João Escoto Erígena, neoplatônico do Renascimento Carolíngio que sintetiza a Teologia dos 15 séculos precedentes e examina a natureza do conhecimento.

980 - Nasce Abu Ali Huceineibne Abedaláibne Sinā (Avicena), metafísico de grande influência por vários séculos, pensador original da Teoria do Conhecimento e de problemas de dinâmica e movimento.

1054 - Astrônomos chineses observaram a "morte" de uma estrela. A supernova foi visível a olho nu durante o dia e deu lugar à Nebulosa do Caranguejo

1100 - A obra de Pedro Abelardo, Alberto Magno, Adelardo de Bath é continuada por Guilherme de Conches. Todos estes pensadores renovaram o pensamento científico e promoveram a síntese da Ciência árabe incorporada a Ocidente.

1126 - Nasce Averróis em Córdoba, Al-Andalus, o filósofo árabe mais influente no Ocidente, comentador de Aristóteles e defensor da autonomia filosófica perante as religiões.

1138 - Nasce o filósofo e matemático Maimônides em Al-Andalus, autor de numerosas obras a respeito da origem do mundo, a causalidade e assuntos afins.

1168 - Nasce Robert Grosseteste, Bispo de Lincoln, um pensador agudo do problema da Criação desde uma perspectiva física realista e descobridor da refração e outros fenômenos físicos.

1210 - Proibição do ensino da Metafísica de Aristóteles na Universidade de Paris.

1220 – 1292 – Roger Bacon enfatiza e combina a os experimento empíricos e a Matemática.

c. 1225 – Nasce Tomás de Aquino – Ao fundamentar os cânones cristãos com a Metafísica aristotélica, Tomás de Aquino solidifica a noção de uma criação divina a partir de um motor primeiro. Tomás foi o primeiro a discutir por que a Matemática descreve o mundo físico, embora não chegou a elaborar em detalhe esta importante questão.

1285 –William de Ockham desenvolve efetua um corte na tradição tomista, possibilitando o surgimento de uma Epistemologia fundamentada na razão e na experiência.

1301- Nasce Jean Buridan, um dos primeiros a tentar formalizar a Ciência, e analista da teoria do ímpeto, o qual considerava uma quantidade conservada.

1314– É criado o primeiro *Mapa Mundi*

1323 - Nasce Nicolau de Oresme, o primeiro a reconhecer o papel da *variação* da velocidade no movimento, e precursor de Galileu.

1350 - Nasce Petrarca, considerado o pai do Humanismo

1401 – 1464 - Nicolau de Cusa, precursor do Renascimento e o "último da Idade Média" propõe um Universo infinito.

III. O Renascimento
1452 – 1519 - Nasce Leonardo Da Vinci

1439 - Gutemberg inventa a prensa tipográfica

1453 - Tomada de Constantinopla pelos Turcos Otomanos

1473 -1543 - Nicolau Copérnico lança as bases do modelo heliocêntrico do Sistema Solar, negando o geocentrismo de Ptolomeu. O livro "Da revolução das esferas celestes" é publicado no ano de sua morte.

1544 – 1603 - William Gilbert insiste em que a Ciência seja fundamentada em métodos precisos.

1545 - Tem início a Contra-Reforma.

1546 – 1601 - Tycho Brahe realizou as mais precisas observações astronômicas a olho nu já feitas e elaborou o próprio modelo geocêntrico do Sistema Solar, além de fazer estudos minuciosos do planeta Marte. Além disso, observou a supernova que leva seu nome.

1548 – 1600 - Giordano Bruno afirma a existência de outros planetas similares à Terra fora do Sistema Solar e orbitando outras estrelas. Foi julgado pelo Tribunal da Inquisição e condenado à fogueira em Roma por heresia.

1561 – 1616 - Francis Bacon desenvolve o *método empírico* e desenvolve o pensamento indutivo em oposição ao método dedutivo. Sua obra *Novum Organum é publicada* pós-mortem em 1620.

1564 – 1642 - Galileu Galilei. Defensor das ideias de Copérnico, em 1609, Galileu desenvolve seu próprio telescópio para observar o céu. Observou as irregularidades do solo lunar, estrelas que não eram vistas a olho nu, identificou as quatro maiores luas de Júpiter e as manchas solares. Além disso fez importantes contribuições ao problema do movimento.

1571 – 1630 - Johannes Kepler descobriu as três leis dos movimentos planetários (Lei das órbitas, Lei das áreas e a Lei dos períodos) utilizando os dados astronômicos obtidos por Tycho Brahe. Kepler detém uma visão mística da Harmonia do Mundo nos últimos anos.

1592 -1655 – Pierre Gassendi cientista observacional que apresentou os primeiros movimentos de Mercúrio e outras contribuições de paso.

c. 1600 - 1650 - Torricelli, von Guericke, Papin e Jean de Hautefeuille estudam o vácuo e a pressão dos fluídos.

IV . A Era Moderna

1596 - Nasce René Descartes fundador do Método Cartesiano e criador da Geometria Analítica.

1623 – 1662–Blaise Pascal faz importantes contribuições à Fisica de fluidos, Matemática e cria a primeira calculadora da história.

1627 - Nasce Robert Boyle, químico destacado e figura importante para a renovação da tradiçaõ científica.

1629 - Nasce Cristiaan Huygens, físico holandês com importantes contribuições para a Dinâmica e a Óptica.

1637 – 1704 -Nasce John Locke, figura fundamental para o Empirismo

1646 - Nasce Gottfried Wilhem Leibniz, um dos maiores matemáticos da História, e criador das mônadas e do Cálculo junto com I. Newton.

1666- O físico inglês Robert Hooke mostrou que forças que apontam para o centro de uma curva formam trajetórias fechadas, assim como as órbitas dos planetas.

1667-1675 – Fundação dos grandes observatórios de Paris e Greenwich.

1667- Isaac Newton desenvolveu a Dinâmica, a Teoria da Gravitação Universal, fornecendo argumentos matemáticos capazes de explicar as órbitas planetárias e prever novos eventos astronômicos e o Cálculo para manipular quantitativamente seus trabalhos.

1676 - Ole Rømer mede pela primeira vez a velocidade da luz, observando os eclipses das luas de Júpiter

1685 - Nasce o Bispo George Berkeley, arauto do Idealismo como consequência extrema do Empirismo de Locke, e que converte a matéria num produto da mente.

1705-1718 – Edmond Halley calcula a órbita do cometa que tem o seu nome, e o momento do seu regresso. Descobriu também que as estrelas *não são fixas*, que possuem seu movimento próprio, que se movem com velocidades muito grandes

1711- Nasce em Dubrovnik Ruđer Bošković (Roger Boscovich), o primeiro físico que propõe uma força mecânica universal como ordenadora da matéria.

1711 – 1777 – Nasce David Hume, filósofo cético que desconfiou de tudo e todos.

1724 – 1805 - Nasce Immanuel Kant, desenvolvedor das ideias do limite do pensamento humano. Co-autor, com Laplace, da teoria da Nebulosa Primordial como origem do Sol e os planetas.

1749 - Nasce Pierre-Simon, Marquês de Laplace, matemático que desenvolveu a Mecância Celeste e uma série de assuntos em Física e Engenharia.

1777-1855 - Nasce Carl Friederich Gauss, o grande matemático do século XIX e criador da Geometria Diferencial

c. 1780 - Galvani e Volta experimentam com a eletricidade, sentando as bases para os desenvolvimentos que seguiriam nas décadas sucessivas.

1780-1790 - Desenvolvimento do Cálculo de Variações por Joseph-Louis Lagrange

1781 -William Herschel descobriu o planeta Urano e, tempos depois, conseguiu determinar a velocidade do Sol, bem como o formato achatado da Via Láctea

1782 - Antoine Lavoisier formula a Lei de Conservação da massa

1789– Queda da Bastilha e início da Revolução Francesa.

1791 - Nasce Michael Faraday, autodidata e figura fundamental para a unificação Eletromagnética. Autor de numerosos conceitos tais como as linhas de força e o capacitor.

1792 - Nasce na Rússia o matemático N. Lobachevsky, co-criador da Geometria Não Euclideana

c. 1800 - Young, Arago e Fresnel revivem a teoria ondulatória da luz

1802 – William Hyde Wollaston descobre as linhas escuras do espectro solar.

1818 – 1883 –Karl Marx retoma o estudo atomismo em sua Tese de Doutorado.

c. 1820 - Oersted, Biot, Savart, Ohm, Ampère e outros desenvolvem importantes experimentos e ideias na eletricidade e o magnetismo.

1826 - Nasce o matemático G. Bernhard Riemann, estudante de C. Gauss e co-criador da Geometria Não Euclideana

1831 - Nasce na Escócia James Clerk Maxwell, unificador do Eletromagnetismo e autor dos primeiros trabalhos da teoria cinética e da mecânica Estatística. Maxwell foi quem demonstrou que a luz é um fenômeno eletromagnético.

1834-1838 – John Herschel cataloga 68.948 estrelas, 2.306 nebulosas e 3347 estrelas duplas, o maior inventário da época.

1842 - Christian Johann Doppler descreveu o efeito que leva seu nome

1845 – Primeiras fotografias da Lua e do Sol.

1846 - O cálculo das órbitas dos planetas aperfeiçoou-se tanto que Urbain Le Verrier e John Couch Adams deduziram a existência de um *novo planeta*, Neptuno, que foi finalmente localizado por Galle.

c. 1850 - William Rowan Hamilton completa a *Mecânica Hamiltoniana*

1863 - Rudolf Clausius defina a *entropia* de um sistema físico.

V – O século 20

1853 – 1928 - Nasce Hendrik Antoon Lorentz, Prêio Nobel de Física pelas suas contribuições ao Eletromagnetismo.

1858 – 1947 – Nasce Max Planck, físico alemão considerado o pai da Física Quântica.

1854 – 1912 - Nasce o matemático Jules Henri Poincaré.

1867 – 1934 - Nasce na Polônia Marie Curie, futura descobridora dos elementos rádio e polônio, e duas vezes laureada com o Prêmio Nobel

1871 – 1937 – Nasce Ernest Rutherford – físico e químico neozelandês que descobriu o núcleo atômico e ficou conhecido como o Pai da Física Nuclear.

1875 - Lorde Kelvin e Hermann von Helmoltz realizaram uma estimativa da idade do Sol.

1879 – 1955 - Nasce Albert Einstein, Prêmio Nobel pela sua explicação do Efeito Fotoelétrico e criador principal da Teoria Especial da Relatividade e da Teoria Geral que descreve a Gravitação.

1885 – 1962 - Nasce Niels Bohr, figura fundamental na Teoria Quântica

1887-1961 - Nasce Erwing Schrödinger, quem formulou sua célebre equação que governa a dinâmica dos sistemas quânticos

1893 - A possibilidade de existirem *ondas gravitacionais* foi discutida em 1893 por Oliver Heaviside usando a analogia entre a lei do inverso do quadrado da distância em gravitação e eletricidade.

1894-1974 - Nasce o físico indiano Satyendra Nath Bose, cujos estudos deram finalmente nome às partículas de *spin* inteiro (bósons)

1894-1900- Wilhelm Wien e Max Planck forneceram importantes explicações sobre a absorção e a emissão de luz pelo corpo negro ao relacionarem o comprimento de onda da luz emitida pelas estrelas com a sua temperatura.

1900 – 1958 – Nasce Wofgang Pauli, descobridor do spin e "inventor" do neutrino.

1901 – 1976–Nasce o físico alemão Werner Heisenberg, talvez o pensador mais original da Teoria Quântica.

1901-1954 - Nasce em Roma Enrico Fermi, físico que estudou um grande número de assuntos e criou com Dirac a distribuição estatística de partículas de spin seminteiro que leva seu nome.

1902 – 1984 - Nasce Paul Dirac, Prêmio Nobel de Física, criador da equação de movimento para os férmions que leva seu nome e precursor da anti-matéria.

1904 – 1967 – Nasce Robert Oppenheimer, importante físico que trabalhou na energia nuclear, o colapso das estrelas e outros problemas importantes.

1905 - Henri Poincaré propôs a existência de ondas gravitacionais que emanavam de um corpo e se propagava à velocidade da luz, como exigiam as transformações de Lorentz.

1905-1914 – Construção do diagrama de Hertzsprung-Russell, relativo à relação entre a luminosidade e temperatura na superfície das estrelas, chave importante para entender a Evolução e Estrutura Estelar.

1905-1916 – Einstein descreveu o efeito fotoelétrico e desenvolveu a Teoria Geral da Relatividade

1908-1968 - Nasce Lev Davidovich Landau, físico russo que fez contribuições importantes para a Física do Estado Sólido e imaginou as estrelas de nêutrons pela primeira vez.

1911 – Primeira Conferência Solvay, realizada em Bruxelas, sob a presidência de H. Lorentz e tendo como tema a *Teoria da Radiação e os quanta*. Entre os participantes de destaque: Marie Curie, Max Planck, Ernest Rutherford, Henri Poincaré, Paul Langevin e Albert Einstein (na época, o mais jovem de todos).

1913 – Segunda Conferência Solvay, sob a presidência de H. Lorentz e que teve como tema *A Estrutura da Matéria*. Entre os participantes de destaque: Marie Curie, Ernest Rutherford, Paul Langevin e Albert Einstein.

1914 - Tem início a Primeira Guerra Mundial.

1915 – Albert Einstein publica o primeiro trabalho da Teoria da Relatividade Geral.

1916 - Karl Schwarzschild descreve as soluções da Relatividade Geral hoje conhecidas como *buracos negros*, regiões do espaço deformadas por uma grande massa e desconectadas do resto do Universo.

1918 – 1988 – Nasce o físico norte-americano Richard Feynman.

1921 -Ludwig Wittgenstein publica o *Tractatus logico-philosophicus*, advogando a "solução final» para os problemas da Filosofia.

1921 – Terceira Conferência Solvay, sob a recepção de Ernest Solvey e presidência de Lorentz e que teve como tema Átomos e Elétrons. Outros membros de destaque: Marie Curie e Ernest Rutherford.

1924 – Quarta Conferência de Solvay, sob a presidência de H. Lorentz e que teve como tema *Condutibilidade Elétrica dos Metais e Problemas Correlatos*. Participam: Marie Curie, Ernest Rutherford, Paul Langevin, Auguste Piccard e Erwin Schrödinger, entre outros.

1927 – Quinta Conferência Solvay, talvez a mais famosa delas, sob a presidência de Lorentz. Tema: *Sobre Elétrons e Fótons*. Todos os membros participantes são de grande destaque: Peter Debye, Irving Langmuir, Martin Knudsen, Auguste Piccard, Max Planck, William Lawrence Bragg, Marie Curie, Paul Dirac, Albert Einstein, Niels Bohr, Louis de Broglie, Paul Langevin, Erwin Schrödinger e Werner Heisenberg.

1927 - Georges Lemâitre formula as ideias fundamentais do Big Bang

1929 – Edwin Hubble correlaciona empiricamente a velocidade de afastamento e a distância das galáxias: a expansão do Universo.

1930 – Clyde Tombaugh descobre o planeta Plutão.

1932 – W. Heisenberg recebe o Prêmio Nobel pela criação da Mecânica Quântica.

1934 - F. Zwicky observa pela primeira vez que "falta massa" em sistemas galácticos ligados. Fica colocado o problema da *matéria escura*.

1939 -1945- Segunda Guerra Mundial

1939 – Hans Albrecht Bethe e Richard von Weizsäcker fundamentaram que a energia das estrelas procede da fusão nuclear.

1942 – 2018 - Nasce o físico Stephen William Hawking

1951 – Construção do primeiro *radiotelescópio* nos Estados Unidos da América.

1952 – Jan Hendrik Oort demonstra que a nossa galáxia tem uma estrutura em espiral.

1960 – Descobre-se o primeiro *quasar*, depois identificado como um objeto extra-galáctico com uma enorme emissão de energia.

1964- Arno Penzias e Robert Wilson descobriram, por meio de radiotelescópios, a existência da Radiação Cósmica de Fundo, interpretada como uma das evidências de um Universo quente e denso nos primórdios.

1964 - Os experimentos de colisões de alta energia descobrem objetos pontuais dentro dos prótons e nêutrons, que promovem o desenvolvimento da Cromodinâmica Quântica, onde *quarks* e *glúons* são os objetos fundamentais constituintes.

1964 - O primeiro buraco negro (*Cyg X-1*) é descoberto pelos contadores Geiger levados por um foguete atmosférico.

1965 - John S. Bell formula as desigualdades que levam seu nome, posteiormente verificadas experimentalmente. Como consequência, a localidade é questionada, e o mundo parece ser um *Todo* inter-conectado.

1967 – Descobre-se o primeiro *pulsar*, identificado por Pacini e Gould como uma estrela de nêutrons em rotação

1968 - G. Veneziano formula a primeira teoria de cordas (hadrônicas).

1968- R. Davis Jr. e colaboradores publicam a primeira detecção de neutrinos originados no Sol, mas com um fluxo muito inferior ao esperado.

1969- Neil Armstrong e Edwin Aldrin são os primeiros homens pisar na superfície da Lua.

1973- As sondas *Voyager* 1 e 2 chegaram a Júpiter e usaram sua grande aceleração gravitacional como impulso para explorar outros planetas fora do Sistema Solar.

1974 - R. Hulse e J. Taylor descobrem o pulsar binário PSR 1913+16

1981 - Alan Guth propõe a Inflação do Universo como forma de resolver vários problemas e paradoxos da Cosmologia

1984-1986 - A teoria de cordas sofre a chamada *primeira revolução*, onde são estabelecidas as bases para sua consistência.

1987 - A supernova 1987A produz a primeira detecção de um surto de neutrinos do colapso gravitacional e outras observações importantes.

1990- Lançamento do *telescópio Hubble* em órbita da Terra.

1998 - A colaboração SuperKamiokande publica a evidência de que os neutrinos podem oscilar de um tipo ao outro, e para isso precisam ter massa .

1998 - Dois grupos independentes anunciam a descoberta da *expansão acelerada* do Universo, possivelmente atribuída a uma *energia escura* de origem desconhecido até hoje.

1999 - Lisa Randall e Raman Sundrum propõem os modelos de *branas* para o Universo de grande impacto até hoje.

VI. Era Contemporânea

2000 - O *plasma de quarks e glúons*, produto da compressão da matéria ordinária que libera esses componentes fundamentais, é detectado no CERN.

2001 - Um grupo de cientistas canadenses da colaboração *Sudbury* conseguem demonstrar que os neutrinos possuem massa.

2002– Surgem fortes evidências da existência de gelo na superfície de Marte. àgua líquida pode ter presença na superfície e no subsolo.

2012 - Os experimentos no CERN detectam pela primeira vez o *bóson de Higgs*, partícula fundamental para explicar as massa de todas as outras no Universo.

2015 – Previstas por Einstein em 1928, as Ondas Gravitacionais são finalmente detectadas na detecção de uma fusão de buracos negros estelares.

2017 - É observada a primeira fusão de estrelas de nêutrons pela colaboração LIGO-Virgo em ondas gravitacionais, com numerosas detecções em raios gama e outras frequências.

2019- A colaboração EHT anuncia a detecção da "sombra" do buraco negro supermassivo na galáxia M87.

2021 – Lançamento do *Observatório Espacial James Webb*.

Os autores

Jorge Ernesto Horvath

Doutor em Ciencias Exatas (1989) na *Universidad Nacional de La Plata* (Argentina). Atualmente é Professor Titular da Universidade de São Paulo e Coordenador responsável do *Grupo de Astrofísica Relativística e Desastres Estelares* (GARDEL). Fundador e Co-editor da *Revista Latino-Americana de Educação em Astronomia* (RELEA) desde 2003. Coordenou de 2011 até 2021 o *Núcleo de Pesquisas em Astrobiologia* da USP. Pesquisador nas áreas de Astrofísica Relativística, Evolução Estelar, Supernovas/GRBs, Astrobiologia e Filosofia da Ciência. Torcedor fiel de River Plate e jogador de basquete aposentado.

Lucas Marcelo de Sá Marques dos Santos

Lucas de Sá é Bacharel em Física pelo IFSC/USP e atual doutorando em Astronomia no IAG/USP. Seus interesses são buracos negros e estrelas de nêutrons, sua formação e evolução, e sua detecção gravitacional. No tempo livre gosta de escrever, praticar violão clássico e guitarra, e ouvir *podcasts* de História.

Rodrigo Rosas Fernandes

Rodrigo Rosas Fernandes, Doutor em Filosofia pela PUC/SP e com Mestrado Profissional em Ensino da Astronomia (IAG-USP). Aluno dileto do eminente Prof. Leucipo de Abdera, Rodrigo tem insistido em um ensino interdisciplinar que abranja as três grandes áreas do saber, com diversão, música e arte.

Lívia Silva Rocha

Lívia Silva Rocha, possui Bacharelado em Física pela Universidade de Goiás (2017) e Doutorado em Astronomia pela Universidade de São Paulo (2023). Seu trabalho tem como ênfase o estudo das estrelas de nêutrons (ENs) com interesse particular na investigação da possível formação de ENs de massa extrema.

Riis Rhavia Assis Bachega

Riis Rhavia Assis Bachega, natural de Belém-PA, possui graduação em física pela UFPA (2012), Mestrado (2014) e Doutorado (2019) pela USP. Tem interesse em Cosmologia, ondas gravitacionais, algoritmos de IA e questões fundamentais da Ciência.

Lucas Gadelha Barão

Lucas Gadelha Barão, graduando em Astronomia pelo IAG-USP (2021) e integrante do Grupo GARDEL. Apreciador do Cosmos e do vinho, em igual medida.